中国近世生物学机构与人物丛书

中国林业科学研究院木材工业研究所早期史（1928—1952年）

胡宗刚 著

上海交通大学出版社
SHANGHAI JIAO TONG UNIVERSITY PRESS

内容提要

中国木材学研究始于1928年。是年10月,北平静生生物调查所成立;翌年,该所开始采集腊叶标本之同时,也采集木材标本,着手木材学研究,由李建藩负责。1931年唐燿入所,设立木材试验室。1934年唐燿赴美留学,获博士学位后于1939年回国,赴重庆创办中央工业试验所木材试验室。该室由中工所与静生所合办,未久迁四川乐山大佛寺之姚庄,1944年易名为木材试验馆,1950年被中央林垦部接收,1952年并入中央林业部林业研究所,迁至北京,后演变为日后组建中国林业科学研究院木材工业研究所之重要基础。该馆在乐山十二年,尤其前期在抗日战争艰难条件下,仍然开展木材构造和物理试验研究,森林资源和市场调查。培养一代木材学家,如王恺、何天相、屠鸿远、柯病凡、成俊卿、何定华、喻诚鸿等。本书主要依据档案史料,首次将中工所木材试验馆之历史予以完整记述,兼及其时其他机构之木材学研究。

图书在版编目(CIP)数据

中国林业科学研究院木材工业研究所早期史:1928-1952/胡宗刚著.—上海:上海交通大学出版社,2023.9

(中国近世生物学机构与人物丛书)

ISBN 978-7-313-29437-1

Ⅰ.①中… Ⅱ.①胡… Ⅲ.①中国林科院—科学研究组织机构—历史—1928-1952 Ⅳ.①S7-242

中国国家版本馆CIP数据核字(2023)第169120号

中国林业科学研究院木材工业研究所早期史 1928—1952年

ZHONGGUO LINYE KEXUE YANJIUYUAN MUCAI GONGYE YANJIUSUO ZAOQISHI 1928—1952NIAN

著　　者:胡宗刚

出版发行:上海交通大学出版社　　地　　址:上海市番禺路951号

邮政编码:200030　　电　　话:021-64071208

印　　制:上海盛通时代印刷有限公司　　经　　销:全国新华书店

开　　本:710 mm×1000 mm 1/16　　印　　张:14.75

字　　数:240千字

版　　次:2023年9月第1版　　印　　次:2023年9月第1次印刷

书　　号:ISBN 978-7-313-29437-1

定　　价:98.00元

序

“盛世修史，明时修志”。

中国林业科学研究院木材工业研究所（简称木材所）是一个有着悠久历史的机构。但其来历不明晰，早期脉络也不清。2017 年我重回木材所，立马感到梳理“家谱”的责任。因此，组织了“文化溯源小组”，开始追寻木材所的前世今生。

中国近代较早开展系统性木材学研究的机构是 1928 年由胡先骕等先生在北平设立的静生生物调查所（简称静生所），其后开展木材研究的还有中央大学土木系、金陵大学森林系、中央工业试验所（简称中工所）材料试验室、中国航空研究院器材系、四川省农业改进所农化组、中央林业实验所林产利用组、安徽大学森林系等。静生所不仅历史最久远，其影响也最大。因此，近代系统研究木材学的机构，当从静生所说起。

胡先骕先生很早就认识到木材研究的重要性。1922 年，他在《浙江采集植物游记》中记载，采集植物标本时也要了解森林分布并同采木材标本；1934 年，他在江西作主题为“国产木材之研究与中国农林工程及军备建设上之关系”的公开演讲中指出，“木材的用途，愈专门化，在应用方法，就愈要科学化，这是一定而不可移的道理。木材的科学上的研究，已经形成一种专门的学问，叫做木材学”。1935 年，胡先骕先生在给唐燿先生编纂的中国第一部木材学专著——《中国木材学》题序时，开场白为“木材之为学，乃森林利用学上主要科目之一，其目的在研究各种木材之构造及其材性，以期阐明其用途，所谓物尽其用是也。故研究林学者，除树木学外，当以此为最基本之学科”。这些都给了木材科学以明确的定位。

胡先骕、顾毓瑔和唐燿三位先生，是贯穿早期中国近现代木材学研究的关键人物。胡先骕是唐燿在东南大学读书时的老师，1930 年他致函唐燿，嘱其北上，入静生所开展木材研究，1931 年即创办了国内第一个木材实验室。1937 年胡先骕与时任中工所所长的顾毓瑔商定，两所合作计划以中工所名义在重庆北碚开展木材研究，由时在美国留学的唐燿主持其事。1939 年唐燿回国创立国内第一个国家级木材研究机构——中工所木材试验室，并任该室主任。这一机构的设立，对满足当时国防需求，合理利用木材资源，具有十分重要的意义。在唐燿先生领导下，试验室一步步壮大，后迁至四川乐山，扩充为"木材试验馆"，培养和储备了大批木材科学的人才，如成俊卿、王恺、柯病凡、汤亦庄、李源哲、何定华等。当时，试验馆的工作也很具影响力，承接了不少政府各部门委托的任务，1943 年 5 月英国科学史学家李约瑟曾到访乐山木材试验馆考察。

新中国成立后的 1952 年底，木材试验馆与几经变迁的中央林业实验所合并，在北京组建中央林业部林业科学研究所(简称中林所)。后屡经改组，演变为今日的中国林业科学研究院木材工业研究所，现已发展为中国木材科学研究中心。

"以人为鉴，可以明得失；以史为鉴，可以知兴替"。

我与胡宗刚先生结缘于搜集梳理木材所历史的过程中。每次相见，秉烛夜谈，总有说不完的话题。2019 年 10 月，胡宗刚先生在木材所第四期"木材大讲堂"，分享了《中国近现代生物学史中的木材研究》的专题报告，木材所全体职工、全国二十所高校院长和木材科研院所主要人员到场聆听；同年，他又通过研究史料，证实"中国林业科学研究院木材工业研究所，也由静生所发展而来"。胡宗刚先生是从事中国近现代植物学科研机构和主要人物研究的著名学者，二十余载，不辞辛苦、兢兢业业。他为撰写《中国林业科学研究院木材工业研究所早期史》，曾先后查阅了中国第二历史档案馆所藏中华教育文化基金董事会、静生生物调查所、中央农林实验所，江西省档案馆所藏江西省农业院、中正大学，云南省档案馆所藏云南省教育厅，四川省档案馆所藏四川乐山木材试验馆以及中国科学院档案馆和植物研究所之档案等。奔走于各地档案馆的同时，胡宗刚先生还到各地图书馆，翻阅民国书刊，掌握翔实史料，小心求证，几易其稿，历时四年，终于问世。

本书不单单是论述中国林业科学研究院木材工业研究所的历史，也是首次深度发掘中国近现代木材科学史料，讲述了 1928 至 1952 年中国木材科学研究的发展脉络和机构变迁。1953 年之后的史料，仍值得继续挖掘，整理成书。

纵观古今，木材的利用和发展，与国计民生紧密关联。这本书是讲好中国木材故事的生动载体。希望本书的出版，可以为中国现代木材科学体系的建设和发展提供有益的借鉴。

2023 年 8 月 28 日于北京厢红旗

（傅峰：中国林业科学研究院木材工业研究所所长、研究员）

目　　录

DIYIZHANG

第一章 中国近代木材学简史

木材为人类所利用,无论中西,均由来久远。举凡燃料、家具、建筑、农具、桥梁、车辆、船只等,无不与木材有关,是人类生活和用具之主要原料。而人类将木材作为一门学问予以研究,则是在西方现代科学兴起之后,面对木材利用日益广泛,重要性渐渐突显,即以植物学、化学、物理学方法,对木材予以研究,形成木材学。木材学属于应用科学,研究木材构造和识别,木材之化学性质、物理性质和力学性质,及木材缺陷,木材改性等,其任务乃是为木材供应、木材加工及利用提供依据。木材学诞生以 1910 年成立之美国木材试验室为标志,未久第一次世界大战爆发,该试验室因代政府试验飞机用木材,其人员迅速增加至战前之四倍,遂为奠定木材学之发展。继美国木材试验室而起者,有加拿大木材研究所、印度林业研究所,再后澳洲及英国,均有大规模木材试验室之设立,德、法等国,在其本国及其殖民地也设立相应研究机构,苏联在其科学研究计划中,木材学也占有重要之地位,于是木材学在世界范围内兴焉。

中国近代科学源于西方,木材学同样来源于西方。先简言西方科学之东传:明末清初西方传教士来华传教,源于西方科学知识随之传播于东土,但并未落地生根,且还引发西学中源之说。但西方科学之发展,导致其国力增强,欲与中国通商贸易,而有清帝国闭关自守,列强乃不惜以坚船利炮开路,遂洞开中华国门,且将其沦落为半殖民地之困境。此时,国中有识之士认识到挽救民族于危亡,需向西方学习科学技术,方能国富民强。于是在清末民初,大量派遣留学生赴东西洋学习,待其回国,在国内兴办现代教育,培养现代人才;开办各类研究所,从事科学研究,并将科学本土化,此史家称之为科学救国运动是也。

现代科学系由诸多学科组成,大致可分为普遍性学科和地域性学科,如数学、物理、化学属普遍性学科;地质、生物、气象则属地域性学科。在科学传入中土,地域性学科得到优先发展,这样可以利用自然资源,立即促进国民生产,改善民生。民国初年,首先是章鸿钊、丁文江、翁文灏开辟中国地质学,1913 年在工商部创办地质调查所,开展地质调查与研究,并在北京大学设置地质系,以培养地质学人才。因此,地质学发展成为民国时期最具国际影响之学科,取得成就和培养人才，不少堪称一流。

仅次于地质学则为生物学。1921年秉志、胡先骕在南京高等师范学校农科设立生物系，在该系任教者还有钱崇澍、陈桢、陈焕镛、张景钺等。第二年，南京高师改组为东南大学，生物系仍设于农科，秉志、胡先骕依托中国科学社和东南大学又在南京创办中国科学社生物研究所，以倡导动植物学之研究。他们一面在大学授课，一面在研究所从事研究，并将优秀学生吸收为研究助手，予以训练。研究所经费有限，他们均不支薪，且以授课所得贴补研究所之用。经此努力，大举采集动植物标本，获得研究材料，创办《中国科学社生物研究所丛刊》，以西文发表研究所得，与国外同类机构相交换，最多时达五百多处。三五年后，该所即具国际声望，国外同行始知中国人研究生物学能力亦甚强。

中国幅员辽阔，地形多样，地质资源和动植物种类均甚丰富；于是一些较发达省份也先后设有地质调查所，如两广地质调查所、浙江地质调查所、江西地质调查所等；而生物学机构，虽没有地质学广泛，但在中国科学社生物研究所带动下，各地开办之综合性大学相继设置生物系；研究机构继起者，则有1928年成立之北平静生生物调查所、1929年成立之广州中山大学农林植物研究所、1929年在南京成立之中央研究院自然历史博物馆、1934年在江西庐山成立之庐山森林植物园、1935年在广西梧州成立广西大学植物研究所、1938年在云南昆明成立之云南农林植物研究所。除此之外，还有1929年成立之北平研究院植物学研究所、1936年成立之陕西武功西北植物调查所等。植物学发达之后，自然将目光投射到木材学；与此同时，一些应用性研究所也相继设立，如林业、工业、农业等领域均有研究所或试验所等，也将木材作为研究内容；一些大学农学院之森林系也如此。如是中国木材学兴焉。

本章以从事木材研究机构为单位，以从事时间先后为序，简要追溯民国时期中国木材学之历史。

一、静生生物调查所

中国植物学研究机构对木材学予以重视，拔得头筹者，为静生生物调查所。1928年10月1日，静生所在北平石驸马大街83号开办，所长秉志。所中设动物部、植物部，分别由秉志、胡先骕担任主任。翌年伊始，植物部开始不断

图 1-1　静生生物调查所文津街所址

派员外出采集腊叶标本，同时也注意采集木材标本。所得标本除自藏外，还与国外进行交换，其中也包括木材标本。与木材相关事宜由李建藩负责。

中国植物学开创时期主要从事植物分类学、植物形体学和植物地理学研究，以摸清植物资源，编纂《中国植物志》，此均属基础性研究范畴。植物学研究机构注重木材学，乃是通过木材解剖获得木本植物构造，以作为分类学依据之一；于木材之应用虽也注意，但属其次。1931 年胡先骕邀请唐燿来静生所专门从事木材研究，成立木材试验室。不几年，唐燿研究有得，发表《华北华南重要阔叶材之鉴定》《中国裸子植物各属木材之初步研究》《中国重要木材之鉴定》等专文，以及 1936 年出版《中国木材学》一书。关于木材解剖学方面，有穗果木科、柏勒楔科及金缕梅科木材之系统解剖等文。1935 年唐燿赴美留学，1938 年获耶鲁大学哲学博士学位。在唐燿出国之前，已涉及木材应用研究，调查中国木材市场等情况。故其留学除了从事木材解剖研究，还在考察欧美各国木材应用研究进展，以便归国后组织开展更广泛研究。本书主旨为中央工业试验所木材实验馆，其源头即是唐燿主持之静生所木材试验室。关于该所木材研究之详情，将在下一章记述。

二、中央大学

中央大学前身为南京高等师范学校，成立于 1915 年。该校于翌年设立农科，农科于 1921 年设立生物系。在生物系成立之前，胡先骕及相关人员已开始采集植物标本，也曾顺带采集木材标本，但未进行木材研究。该校研究木材

图1-2 陆志鸿

实自1931年工学院之陆志鸿始。陆志鸿(1897—1973年),浙江嘉兴人。1915年赴日留学,入东京第一高等学校预科、本科,后又入东京帝国大学工学部,研究金属采矿。1924年回国任教于南京工业专科学校,1928年该校并入中央大学,任土木系教授,讲授工程材料。其时,木材乃工程之主要材料,陆志鸿于1931年开始研究木材之硬度,一同开展研究者还有金陵大学朱惠方,1934年共同发表《中国中部木材之强度试验》,此为国人首次涉足木材力学试验。其文小引云:

> 夫木材强度性质之研究,在欧洲林学先进诸国,已于数十年前着手试验,最近美国、日本、印度、朝鲜及台湾等,咸注力于各材性质之探讨,颇有显著之进步。环顾吾国,对于与国家经济有关之木材,迄今尚鲜有加以研究者。著者有感于斯,自一九三一年以来,以从事搜集国内主要木材及主要输入材,凡其外观之性质、比重及诸种机械性质等,均经加以鉴别与试验,以供林业界及工程界之参考。①

此后,陆志鸿并未继续研究木材,而专注于金属材料。而朱惠方却在金陵大学赓续进行,且将范围予以扩大。陆志鸿在台湾光复之时,协助罗宗洛接收台湾大学,并继罗宗洛之后任该校第二任校长,后终老于台湾。

中央大学研究木材以梁希最为著名,其将所从事者隶于森林化学,或可名之为木材化学。1932年梁希受中央大学农学院院长邹树文之聘,来校任该院森林系教授,同年系中获准设立森林化学试验室,为之搜集图书资料、仪器设备,并自行设计制造木材防腐剂与木材强度测验机。梁希(1883—1958年),浙江吴兴人,原名曦,字索五,后改名希,字叔五。早年入浙江武备学堂,1906年进日本士官学校学习海军,1907年加入中国同盟会,1913年改读东京帝国大学农学部,1916年回国,任北京农业专门学校林科教员,曾开设林产制造、森林利用、木材性质等课程。此类知识为其在日本所习,而日本系自德国引进,为

① 朱会芳、陆志鸿:《中国中部木材之强度试验》,中央大学出版组,1934年11月。

图1-3　梁希

获得真源，梁希于1923年自费赴德国留学，在德累斯顿萨克逊林学院学习林产化学和木材防腐学，1927年回国，任教北京农业大学。1928年南下，任教于浙江大学，翌年曾筹创森林化学试验室，1932年与王相骥合作在杭州笕桥进行马尾松采脂试验。梁希入中央大学后，继续与助教王相骥及张楚宝合作进行松脂分析、桐油浸提、樟脑蒸馏、木材干馏等试验。1936年与王相骥一同使用硫酸法分离木素，编写发表《木素定量》研究报告，及《近世木精定量之新法》等。

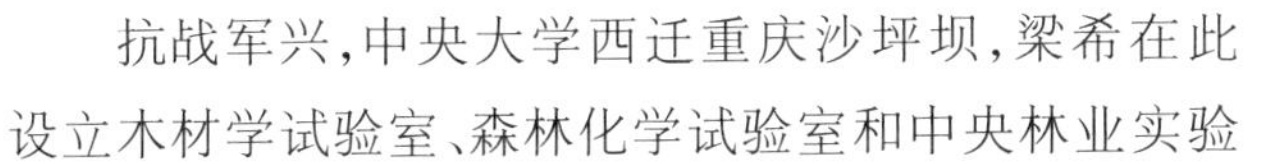

抗战军兴，中央大学西迁重庆沙坪坝，梁希在此设立木材学试验室、森林化学试验室和中央林业实验所林产林业试验室。其时，梁希已年近花甲，为研究材料和设备，仍东奔西跑，有一次为了领取几加仑酒精，竟然跑了八趟①，可见条件之艰辛和梁希之执着。最初，人员不够，而所涉及的研究范围又相当宽泛，张楚宝言：梁希“首先突破只有两名助教的限额，他多方争取校外单位的支援，首先从中英庚款董事会请准补助研究助理两名（周光荣、周慧明），又从贸易委员会请准补助一名助教，在他的指导下进行专题研究。”②此外，还有中央林业实验所派来多人，其后三个试验室在人员最多时约有30人，俨然如同一个研究所规模。试验室靠近中央大学图书馆，位于松林坡峰顶，鸟瞰嘉陵江，气势磅礴。图书馆下方是木材学试验室，次方是林产化学试验室、最下是中央林业实验所林产利用组试验室。“木材试验室为木板结构，内贮木材标本及试验设备，……分内外两间。外间大，居中为实验台，周围靠窗为工作台，靠墙为标本架。内间用木板与外间相分隔，仅一窗，……靠隔板有两大书架，贮马列著作、科学文献及试验资料”。林产化学实验室仅仅借用了“化学系和化工系合用着的一栋房子，在左端占有了几间”。条件虽然简陋，但梁希的赤诚之心不减，他就在这里给学生做实验和从事研究工作。由于梁希的苦心孤诣，从中央林业实验所林产利用

① 刘建平等主编：《不曾忘却——中国农业大学先贤风范》，中国农业大学出版社，2015年，第341页。

② 张楚宝：林业界的一代师表——记梁希教授生平，《文史资料选辑》合订本第三十九册，中国文史出版社，1989年。

组实验室走出了一大批优秀的林产化工技术研究人员。[①] 梁希在重庆主持木材试验项目有：① 重庆木材干馏试验，费数月之工，将十余种木材干馏，得各种木精（甲醇）量。木精为其时重要战略物资，所得报告为国防提供参考。② 竹材之物理性质及力学性质初步试验报告。抗战时期，后方物资贫乏，即以竹材充当特殊用途，甚至作为兵工器材。而对于竹材性质，因欧美不产竹子，缺少报道，梁希于是将川产楠竹、水竹和慈竹等予以力学试验。梁希与周光荣联合发表《竹材之物理性质及力学性质初步试验报告》。[②] ③ 川西（峨眉、峨边）木材之物理性。四川森林资源丰富，而于其木材性质未有注意，此时，也因抗战物资需要，多家研究机构均对其材性予以测试，梁希亦投入其中。首先派周光荣在峨眉、峨边采集标本，并获得中国木业公司提供部分木材，经中国科学社郑万钧、杨衔晋予以鉴定，承中英庚款董事会予以补助研究费，遂开展是项研究。测试内容有含水率、密度、重量、收缩性四项，研究报告发表在 1941 年《中华农学会报》总第 168 期。

1941 年，在抗日战争进入最艰难时期，教育部为维持内地高校稳定，实行“部聘教授”制度，选出一批学术造诣高、资历深的教授，由教育部直接聘任，月薪 600 元，并给予一定金额之研究费，其时一般教授月薪约 360 元。此项制度对陷于经济困境之中的著名学者之援助甚为显著，对减缓中华学术因战乱而中断，无疑起有积极作用。1942 年选出 30 人，翌年又选出 15 人，中央大学农学院梁希名列其中。有此稳定收入和研究经费，使得梁希木材研究得以继续。1944 年年底，梁希向教育部报告其部聘教授工作成绩，包括教学和研究，于研究有云：“农学研究所森林部森林利用组研究生三人，经常在森林化学室研究。中央林业实验所与中央大学订有合作试验合约，于今三年，该所派员来森林化学室研究林产利用，其人员最多时九人，最近有五人。”而研究结果如前所述“竹材之物理性质及力学性质初步试验报告”及“桐油提取装置与提取手续”两项。与此同时，梁希于 1943 年开始研究木材防腐，教育部每年予以特别研究补助费六万元。1945 年 7 月，梁希致函教育部长朱家骅云“此项工作系长期性

① 胡文亮：《梁希与中国近现代林业发展研究》，江苏人民出版社，2016 年，第 56 页。

② 梁希、周光荣等：竹材之物理性质及力学性质初步试验报告，《农林部中央林业实验所研究专刊》第一号，1944 年。

质，尚待继续，且物价还逐日飞涨，三万元一年，不敷所用，请求增加数目，无任感盼。”[①]梁希希望获得十万元，教育部仅核准六万元。

梁希木材防腐研究，拟采用之方法为气压法，即用压力压迫药液入木材细胞也。参与研究者有张楚宝、周平、程剑光。研究经费也曾自交通部获得一部分，因以此可解决铁路枕木之防腐问题。经两年研究，梁希得出《气压法木材防腐装置之设计》[②]，并在森林化学室内安装，占地长3.8米，宽1米，并进行试验。后又申请经费，意在进一步试验，但抗战胜利，中央大学面临东归复员而搁置。

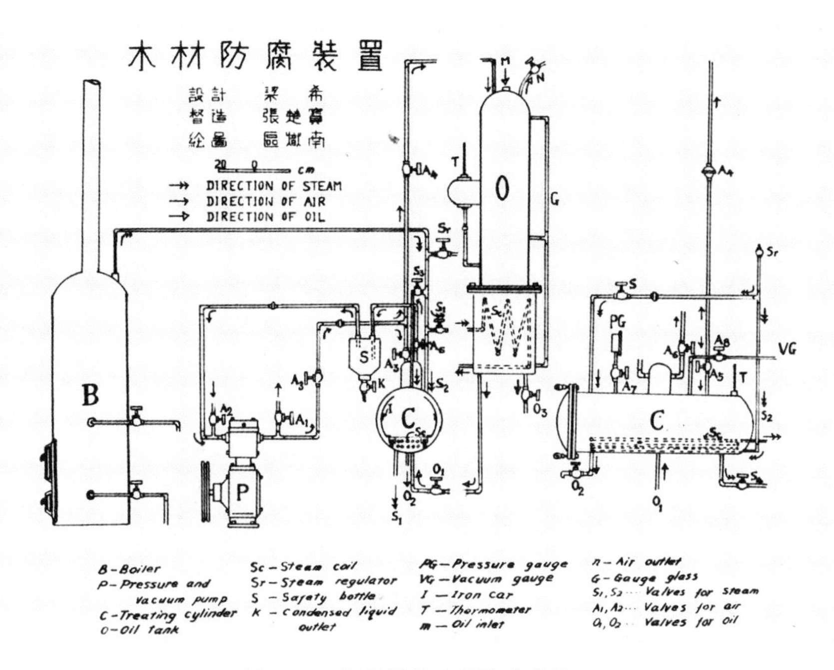

图1-4　梁希设计木材防腐装置

1947年，中央大学复员回到南京。是年，第一批部聘教授已满5年，教育部重新审议，梁希仍被入选。此时，梁希木材研究拟深入并扩大，故为研究经费特致函教育部长朱家骅，请予关顾。函云：

① 梁希致朱家骅函，1945年7月1日，台北“国史馆”藏教育部档案，019-030201-0136.

② 梁希、张楚宝：气压法木材防腐试验装置之设计，《中华农学会通讯》，1945年，总第50期。

骝先部长勋鉴：

敬启者：辱承不弃，部聘继续五年，自问才疏，深虞陨越，惟有勉力为之，以副雅意耳。查部聘教授服务细则第六条“其拟有特别重要研究计划，需款较多，始得完成者，得请教育部另拨专款补助”云云。今希在中央大学之木材强性研究工作，如不购置试验机，则非独进行缓慢，且有中断之虞。因此拟具研究计划，开列预算奉上。素仰台端重视学术，幸乞赐予批准，以利研究之进行，而图讲解之方便，不胜企祷。

祗请

勋安

梁希　谨启　卅六年九月

附：国产木材强性研究计划一份①

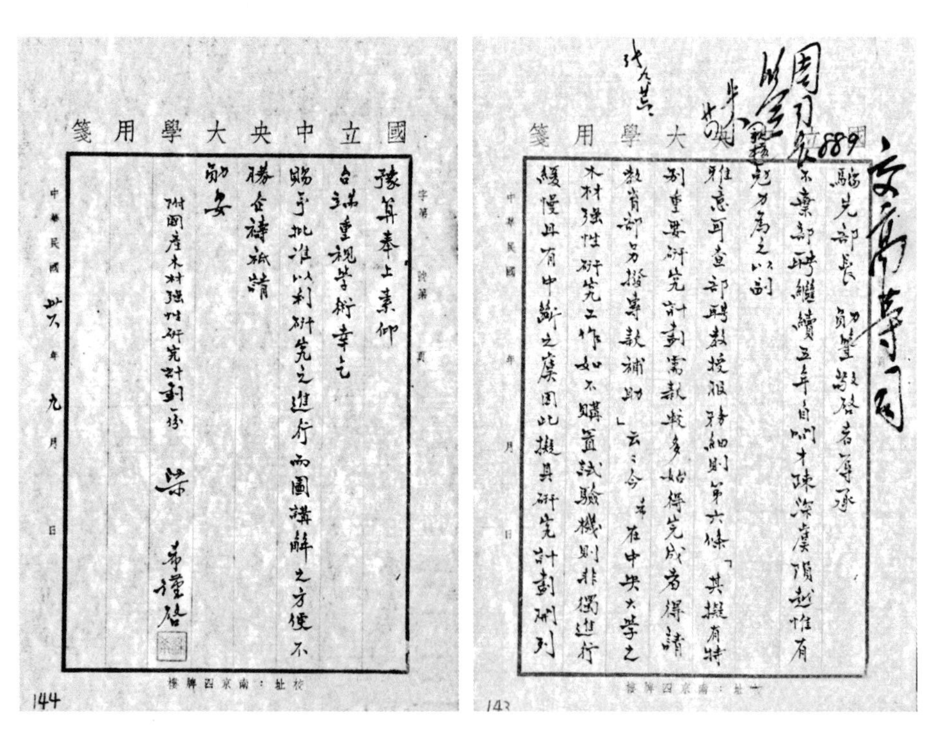

國立中央大學用箋

騮先部長勛鑒敬啓者辱承
不棄部聘繼續五年自問才疏深虞隕越惟有
勉力爲之以副
雅意耳查部聘教授服務細則第六條「其擬有特
別重要研究計劃需款較多始得完成者得請
教育部另撥專款補助」云云今希在中央大學之
木材強性研究工作如不購置試驗機則非獨進行
緩慢且有中斷之虞因此擬具研究計劃開列

校址：南京四牌樓

143

國立中央大學用箋

預算奉上素仰
台端重視學術幸乞
賜予批准以利研究之進行而圖講解之方便不
勝企禱祗請
勛安
附國產木材強性研究計劃一份
梁希謹啓
中華民國卅六年九月　日

校址：南京四牌樓

144

图 1－5　梁希致朱家骅手札

① 梁希致朱家骅函，1947 年 9 月，台北“国史馆”藏教育部档案，019－030201－0135.

抗战胜利之后，先前致力于木材力学研究机构多在萎缩，而梁希欲凭其部聘教授身份申请获得经费，以壮大中央大学农学院之木材研究。在《计划书》中，其言：

> 中央大学森林化学室在抗战初期，首先派员深入峨边夷区森林地带，调查树种，采集木材，计得大小材木二百余种，其中有经济价值者不少，曾与中央林业实验所、航空研究所、中央滑翔机厂、交通部、国防科学委员会等机关合作，从事木材研究，连续九年，一部分结果已发表。惟各机关也委托森林化学室，各有指定之目标，不能由森林化学室制一普遍而连续之研究计划，殊属憾事。今中央大学奉部令将森林系分组，森林化学室已扩充为森林利用组矣。而复员一年，学校亦上轨道，本组拟将已采之材料，作有系统之力学试验，以期早日结束西部木材之研究，更进而研究东南及台湾木材之强度。①

梁希所请经费金额为 1.6 亿元，主要用于购置试机 1.2 亿元。教育部认为中央大学工学院有此机械，似可借用；且教育部预算部聘教授薪俸和研究经费共计才 500 万元，于梁希所请仅拨付 200 万元，用于购置图书和试验材料。

梁希研究森林，当然是为了改善国计民生；但改善国计民生最直接方式莫过于政治清明，梁希平生几度参与政治，前在日本加入同盟会，后于抗战胜利时与许德珩等共同发起组织九三学社，1947 年组织成立中国科学工作者协会南京分会，当选为理事长。中华人民共和国成立后，任南京大学校务委员会主任委员、林垦部(1951 年改为林业部)部长。此后，或因公务繁重、或因年迈，不曾亲临研究，故无形之中放弃木材学研究。

梁希去世多年之后，其门生将其遗作予以系统整理，于 1984 年出版《林产制造化学》。该书为该学科之集大成者，包含森林立地学、肥料学、植物生理化学、木材化学、森林保护化学等。关于木材学尚有《木材制糖工业》和译作《木材工业》等手稿。

跟随梁希从事木材研究之周光荣，乃江苏苏州人，先入浙江大学森林系就读，后转入中央大学森林系，1936 年毕业。毕业之后留校任助教，跟随梁希，并

---

① 梁希：国产木材强性研究计划，台北“国史馆”藏教育部档案，019－030201－0135.

研究森林化学,颇有心得。1948 年移居泰国曼谷,从事纺织、糖、纸、胶板及面粉等加工或生产,1964 年创办 Torc 泰国炼油厂。1985 年周光荣捐献 10 万元人民币,设立梁希纪念基金,中国林学会以此为基金,颁发“梁希奖”,为中国林学界最高荣誉。

三、金陵大学

金陵大学农学院创办甚早,1914 年先由美籍人士裴义礼创设农科,翌年添设林科。1916 年两科合并,1921 年创办农林专修科,1930 年春遵循教育部颁布之新规程,农林科改称农学院,谢家声继裴义礼之后主持该院。

森林系关于木材研究项目有木材工艺性质及木材市场状况两方面,由朱惠方担任。朱惠方(1902—1978 年),又名会芳,字艺园,江苏丹阳人。1922 年留学德国,初入明兴大学(后称慕尼黑大学),未久转入普鲁士林学院,1925 年毕业,赴奥地利维也纳垦殖大学研究院攻读森林利用学。1927 年回国,先任教于浙江大学、北平大学,1930 年改任金陵大学。在浙江大学期间,朱惠方于 1929 年发表《落叶层与森林上之关系》,讨论林下腐质土作用,为树木之肥料、林下微生物之肥料、保持水土等,大多内容为转述。仅保持水土一节,据文中所言,为作者亲为试验,获得一些数据。朱惠方以木材学家闻名于世,而其木材研究系入金陵大学之后。据 1931 年出版之《私立金陵大学农学院概况》,森林系于是年已设木材标本室,标本有 2 千余件,并言“先自鉴别种类入手,至于林产品之制造,已聘有专家开始研究”,可知朱惠方入金陵大学第二年即开始着手木材研究。至 1934 年该书再版时,木材标本已增至 3 100 件,且设立木材试验室,主要设备有干燥器三、木材干馏装置二、Acetone 制造器一、木质测热器一、木材比重检定器一、木材切片机一等。而于研究,该书则云:

> 木材工艺性质及木材市况之研究:关于木材工艺性质之研究,业已收集国内外木材标本多份,凡其外观之性质、比重及诸种机械性质等,均经加以鉴别与试验,以供林业界及工程界之参考,有“中国中部木材之强度试验”及“中国木材之硬度研究”刊行,至于木材市况之调查,亦已开始进行。①

① 《私立金陵大学农学院概况》,金陵大学农学院出版,1934 年。

图 1-6　朱惠方

1934 年发表之《中国中部木材之强度试验》，是朱惠方参与中央大学工学院陆志鸿主持之木材强度试验而共同完成者。《中国木材之硬度研究》①于 1936 年刊行，则系朱惠方单独在金陵大学进行。该试验采用瑞士 Amsler 所制造油压试验机，不仅测定硬度，还对木材抗拉、抗压、抗剪、抗弯及抗劈等试验；试验用木材，针叶树 22 种、阔叶树 158 种，一部分来自金陵大学植物学系史德蔚、焦启源在外采集；一部分则为静生生物调查所、浙江大学农学院及上海春泰公司提供。试验数据，以表格方式列出，全部报告 140 页，表格即有 120 页。有此数据，即知所测试之木材，其硬度之强弱。朱惠方所得静生所材料，是其曾往北平，到访该所，与唐燿交流后索要携回。且向唐燿询问木材制片方法，唐燿后云，朱惠方给了他较深印象，称之为大同行；不过唐燿以学长自居，认为朱惠方在多个领域步其后尘②。但朱惠方运用西法测定国产主要木材强度和硬度却是中国最早学者之一。1934 年 11 月 23 日朱惠方还应邀在中央电台发表《提倡国产木材的先决问题》之演讲，演讲内容几乎涉及木材各个方面，有种类识别、力学性质、化学实验等，并云“关于木材性质的研究和外材检验，这种工作，可以委托专家来负担。例如金陵大学和中央大学现已着手此项研究，如各方面加以辅助，这工作的进行，就可发展了。”由此可知朱惠方发表演讲之时，其木材研究开始未久。

朱惠方在完成木材硬度试验之后，1937 年恰有铁道部购料委员会就铁道枕木有关问题，委托金陵大学森林系代为试验研究，特送来国内外枕木用材多种。而森林系试验机械有限，乃与中央工业试验所商量，共同作《中外轨枕用材之强度比较试验》研究，获中工所林祖心之赞同。不料“七七事变”爆发，所有材种，未待试验终结，中工所即匆匆迁离南京。1943 年时任中工所所长顾毓瑔，在乐山中工所木材试验室作“训词”，言“有一次在金大研究木材的朱惠方先生，采有成渝沿线木样三百多种，来本所磋商合作，他的目的想做供应成渝路枕木用之参考。倘战事不爆发，那报告或已发表，但是结果或许亦不甚可

① 朱会芳：中国木材之硬度研究，《金陵大学农学院丛刊》第 36 号，1936 年。
② 唐燿：我所知道的关于朱惠方的情况，中国林业科学研究院档案室藏朱惠方档案。

靠。"其实，朱惠方在1939年，已将该项研究完成部分之洋松美杉与国产杉木之强度比较试验，刊布于世，名之为《松杉轨枕木之强度实验》①，只是顾毓瑔不知，但不知为何顾毓瑔对朱惠方此项研究并不看好。此前朱惠方欲入中工所，而被顾毓瑔谢绝了。

金陵大学迁成都之后，森林系主任由朱惠方担任，此时木材研究得到加强，全系研究项目有11项，木材项目占有大半，有松杉轨枕之强度比较试验，主用林木之纤维研究，木材力学性质，主要木材之收缩研究，中国森林资源与天然林型研究之一，西康洪坝之森林，四川主要森林树种之调查，四川主要森林树种理财的轮伐期之研究等②，此不细述。诸项研究，为朱惠方赢得木材学家之声誉。

朱惠方担任森林系主任之后，试图对教学和研究予以重新界定，而尤注重于调查，其云：

> 本系自民初创办，向由外人主持系务。民十三年后，始由国人自行管理。本系工作与其他学院，稍异其趣，其工作要旨，要使教育与社会发生关系，以为历来之方针，因是工作分野，有教学、研究与推广三部。过去一般农林学者，大都书本知识，对于国内农林实际情况，向皆隔膜，学生所得书本知识，不足以应社会之需要。因纠正斯弊，故教授除教学之外，应加强研究调查，使应用科学趋于实用，学生所学，亦复实在；但研究所得，为何惠及于农村社会，此则有赖于推广工作。考核结果已具显著成效。余于最近二三年，除教学之外，曾数度作川南与川西及康之南部与东部之长期森林调查，及室内研究，曾著有《大渡河上游森林概况及其开发之刍议》《西康洪坝之森林》《天全之森林》《成都木材燃料之供给》等。③

在此二三年中，金陵大学木材学研究，在朱惠方有力推动下，成效甚为显著。其之森林调查得到西康省政府注意，邀请金陵大学为之调查，并设计解决

① 朱惠方：松杉轨枕木之强度实验，《金陵学报》第九卷第一二期，1939年11月。

② 私立金陵大学要览，金陵大学总务处编印，1941年。

③ 1944年朱惠方被指派参加中央训练图，受训三周。受训期间，写有《略述受训心得与本已业务之改进计划》，此为其中之节选。该手稿藏于中国林业科学学院档案室。

木材外运问题，以应造纸对原料之需求。朱惠方于是率森林系两位教授和四位学生赴西康考察，参与者吴中禄回忆云：

> 1938年7月间，有资本家欲投资开发四川西康大渡河流域之森林资源，不知朱惠方通过何种关系，接受这个委托，与金陵大学教授樊庆生、朱楫和四个同学吴中伦、吕传楼、邓励和我，还有资方代表，组织考察团。朱惠方负总责，樊和吴负责森林植物资源调查，并采标本；朱、邓、吕和我搞材积调查。7月上旬由成都搭汽车到雅安，然后由雅安步行经汉源等县到大渡河流域上游小王坪勘察，9月底回到成都。事后朱惠方综合写了一篇勘察报告。①

朱惠方鉴于木材运输困难甚多，建议就地加工，制成纸浆再外运。西康政府接受其建议，为此朱惠方还派去一位金大毕业生左景郁去西康工作。朱惠方木材研究也为中央林业实验所韩安所青睐，1943年该所拟单独进行木材研究，即邀朱惠方前往主持。

抗战之前，金陵大学理学院化学工业系之马杰也曾从事木材研究，其乃国人以化学方法研究木材之首。该系开设于1928年，第一任系主任为陶延桥，马杰为第二任，1933年到职。马杰(1901—1975年)，河南罗山人，美国俄亥俄大学化工科博士，曾任俄亥俄大学化工系讲师。回国后任卫生署技正，后至金陵大学任化学工业系主任兼教授。其于1935年5月与助手周廷奕合作发表《中国木材纤维量之测定》②，该文提要云："欧美工业先进国家，于国内木材，悉作有系统之研究，俾为纤维工业之资考。我国现时对于此种研究颇感缺乏，为补救此项缺乏计，吾人拟对国内纤维原料作一有系统之研究，此篇工作仅其一端耳。本实验之木材来源，多在江苏、浙江和甘肃，其中以甘肃之木材为最要，甘肃临潭县南部在洮河与白龙江之间，有大森林在焉。其面积有20 000平方里。此木材，在森林缺乏之中国，实为纤维之重要资源。实验木材种类有银杏、垂柳、冷杉、青杆、紫果杉、油松、云杉、臭椿、枫杨、杉等，提取纤维。"此文致谢云："承朱惠方先生指导甚多，谨此志谢。"几乎是同时，马杰还在《药物化学

① 中国林业科学研究院档案室藏朱惠方档案。

② 马杰、周廷奕：中国木材纤维量之测定，《金陵学报》第六卷第一期，1935年。

研究专科》发表“海藻制碘研究之第一次报告——海藻干馏”。无论是木材纤维，还是海藻干馏，马杰均为展开，且有初步结果，但其后未予以深入。此外，马杰对药用植物防已甚有兴趣，曾参加刘绍光主持之化学分析实验。

金陵大学西迁入川后，马杰仍任系主任。1938年春，马杰改任重庆中央工业专科学校校长，系主任改由钱宝钧担任。钱宝钧(1907—1990年)，江苏无锡人，1924年入金陵大学，攻读工业化学，毕业后留校任教。1935年考取英庚款第三届留学生，入英国曼彻斯特理工学院纺织化学系，开始从事纤维研究。1938年末回国，继续服务于金陵大学。此时化学工业系分析各种木材干馏后的产品成分及干馏出的挥发物质大有回收利用价值。此时，后方遭日军封锁，液体燃料匮乏，很多汽车只好改以木炭为能源，故该项研究在当时的意义重大。1941年农林部中央材料实验所与金陵大学签订合作研究木材燃料规约，规约确定双方合作研究范围如下：甲、木材的需求与供应问题；乙、燃材的燃烧力与着火试验；丙、燃材的资源及造林实施方案；丁、燃材利用方法的改进研究。项目合作研究人员、设备及试验由金陵大学负责，研究费28500元由农林部中央材料实验所承担。规约有效期为1942年1月起，1942年12月31日止①，但最后结果不知如何。

四、中央工业试验所

1934年顾毓瑔主持实业部中央工业试验所，同年成立材料试验室，由林祖心任主任，开始从事木材及其他材料试验研究。关于木材，曾开展木材缺陷鉴别，含水率、密度、静力曲折、压力等项目试验，抗战军兴，试验中止，研究成绩亦为有限。1937年中工所所长顾毓瑔与静生所所长胡先骕商定，由两所合作设立木材试验室，待唐燿留学回来主持之。1939年唐燿回国，即依中工所筹设木材试验室，后迁往乐山，后更名为木材试验馆。该试验室从事木材构造及一般材性，木材及竹之害虫、木材物理及力学性质、木材干燥、木材化学、木材防腐、伐木锯木、林产工业之机械设计等研究与试验。试验室虽仅有十余人，俨然成为一个学科齐全之木材学研究机构。抗战胜利后，该馆依旧在乐山继续工作。1949年鼎革之后，被政务院林垦部接管，迁至重庆，易名为西南木材试

① 中国第二历史档案馆藏金陵大学档案，全宗号649、案卷号1174。

验馆。1952 年与中央林业部林业科学研究所合并，迁至北京。中工所木材室为本书之主旨，以上仅述其大略，其之历史详情，见本书其下诸章。

五、中国航空研究院

清末民初，当科学开始在中国传播之时，现代航空制造业也随之在中国兴起，尤其是飞机在国防中重要作用，更受政府之重视。1931 年在日本发动“九一八事变”后，占领中国东北，为抵制日军再为进犯，直至驱离中国，发展航空业，乃是要务。1934 年成立航空委员会，蒋介石兼任委员长，可见政府重视之程度。1937 年“七七事变”爆发，中华民族进入全面抗战，航空事业更是迫在眉睫，除在各高校成立航空系外，还于 1939 年 7 月 7 日国难日在成都支矶街 63 号成立航空研究所，以航空委员会副主任黄光锐兼任所长。研究所下设器材组、飞机组和气动力组。器材组有关于木料、竹料、层板、麻布之类材性研究，其组长为朱霖。1941 年 8 月扩充为航空研究院，下设器材及理工两系。系下设组，两系共设 12 个组，其中木材组设在器材系之下，器材系主任余仲奎，兼任木材组主任。

其时制造飞机材料，除金属材料外，即为非金属材料，如木、竹、纺织和化学材料。英国“蚊”式飞机曾在战争中立过战功，而其材料大部分是木材。抗战时期，为发展中国航空工业，金属材料由于日军封锁，不易得到，故“蚊”式飞机最可借鉴，因中国蕴藏丰富森林资源，从中寻找制造飞机之木材即是木材学研究课题之一。

余仲奎(1903—1998 年)，广东新宁人，生于华侨世家。1923 年随父去美国，考入美国麻省理工学院攻读航空工程和电机工程专业，1929 年获学士学位；次年，又在该院研究生班获航空工程科学硕士学位。1931 年回国，在广东空军航空学校担任航空理论学科主任兼航空理论教官。其后，余仲奎执教于中央大学，1939 年 9 月入航空研究所。在航空所第一项任务就是研究和解决飞机用层板问题，带领部属开展竹材、木材代替金属之试验。为确定所选竹材木材，亲自率众做 2 万多次试验。后以替代制造品投入战场，

图 1－7 余仲奎

为抗战做出贡献。余仲奎晚年在华南工学院任教，最后亦终老于斯。其在世时，1994年《航空知识》第8期，刊载韩孟子所写《飞机结构材料的探索》一文，记述余仲奎在航空研究院中的成就。摘录如下：

那时，他正是风华正茂的青年，敢于创新和开拓，能充分利用科学技术知识，对抗战作出了重要的贡献。如层竹飞机外挂油箱的试验，它完全使用国产的竹皮、生漆、酪胶做原料，既经济又轻便，还能保证外形流线光滑。

用竹子制造副油箱的设想传出以后，引起了许多同行的关注，一时间贬褒不一。大多数人赞成，不少人有疑虑，有少数人反对，甚至讥讽。

余仲奎不管别人如何议论，他以敢想敢干的革命精神和实事求是的科学态度投入到木竹材料的研究之中。为了探索用层木、层竹进行科学试验的合理性、可靠性，他查阅了可能找到的国内外资料，编写了两本指导试验的技术丛书，《飞机木材之处理使用》和《木材力学试验标准草案》，用以指导层木、层竹的科学研究、试验。

他亲自率领科研人员，先后到川、康、黔、桂等省的深山老林地区多次调查，亲自领导进行了9万多次各种强度的物理试验，总结编写了《川产云杉之性质》《四川理番六种木材之性质》《黔产核桃木之性质》《川产泡桐木之性质》《川产柳杉木之性质》《中国木材之平行含水量》《中国木材之力学及其相关性质(西南地区101种)》等专著。这些研究成果为制造飞机层板提供了最大科学依据。

为了确定竹材是否适用于航空，余仲奎还亲自领导进行了20 725次试验，包括比重、收缩、抗胀、抗压、抗弯、抗剪等强度试验，以及不同含水量与强度关系的试验等。其中仅对层竹的系列试验就有17 455次。试验证明，用层竹制造副油箱，其强度与比重的比值，比当时用进口铝合金制造的副油箱高3倍，这说明，无论在经济价值还是在使用价值上层竹都具有明显的优越性。

木、竹层板用于飞机结构在地面试验成功后，还要进行空中试飞。对它的安全可靠性，飞行员虽不怀疑，但心里总有点不踏实。为了让飞行员放心，余仲奎亲自乘飞机试飞，这既可提高产品的可信程度，又可掌握第一手试飞材料。

……

飞机木、竹层板的研制成功，除解决了飞机工厂和外场修理的急需外，还为研制木竹结构的飞机与滑翔运输机提供了条件。如航空研究院研制的研教一Ⅰ双冀教练机和研教一Ⅱ单冀教练机就大量采用了木竹结构。特别是研教一Ⅱ飞机，除发动机、起落架、操纵系统和仪表外，其他结构全部由木竹材料制成，属半硬壳式结构，为世界航空材料史之首创。

航空研究院器材系下属各组、各工厂，共生产层板27 959平方米，层竹2 328平方米，各式副油箱16 089只，冷凋酪胶粉20 048千克，羊皮18 085平方米，麂皮5 632平方米，飞行线水平仪50具，机枪校靶水平仪50具，以及若干发动机胀圈、活塞、轴瓦、活塞销子等。这些科研成果和产品，满足了当时作战训练的急需，大大提高了飞机的维护质量，受到了航空委员会的嘉奖。

器材系下属各组及工厂，撰写的论文并列入研究院正式研究报告者有25篇，超过了全研究院34篇的70%。余仲奎还领先发表了竹材研究报告论文14篇，如《川产楠竹性质之研究》《层竹之制造》《川产慈竹性质之研究》和《竹质飞机外挂汽油箱》等。这些宝贵的经验总结，是中华民族航空科研史上一笔难得的财富。

与余仲奎一同测试飞机木竹材料之同仁有黄鹏章、陈启岭、罗裕英、罗锦华、黄振邦、沈兰根等，文中所列余仲奎诸研究报告，均载于航空研究院研究报告中。研究院木材力学试验标准，系向中工所木材试验室咨询，获得1939年国际森林研究协会木材研究委员会之决议案、美国木材试验标准及法国木材试验规定，据之编制而成，甚为实用。余仲奎等之研究，于1943年7月得国民政府行政院嘉奖，获光华甲种一等奖章。

其后1945年，航空院之陈启岭与唐燿合译《木材在航空上之新研讨》，在《海王》杂志十八卷十一、十三期连载。航空研究院还聘请院外专家为委托研究员，其中与木材相关专家有中央大学化工系主任杜长明、四川大学生物系教授方文培、金陵大学植物病理学教授凌立、四川大学病虫系主任曾省、黄海化学工业社菌学室主任方心芳。木材研究报告中所涉及植物种类由方文培所鉴定。

航空研究院在1945年，其人员达到最多，有101人，其中研究员或副研究

航空委員會

航空研究院

研究報告第五號

四川理番六種木材之性質

余仲奎　黃鵬章

陳啓楨　羅裕英

三十二年七月

图 1-8　航空研究院出版之研究报告

员有 35 人。抗战胜利后，年轻人员被调往各地做接收工作，人员开始减少。后奉命迁武汉，未能实现。1947 年 6 月改迁南昌三家店，后由于时局动荡，人员各谋出路，导致多年惨淡经营之设备、资料、档案等为之散失。① 余仲奎去中山大学任教，与其合作者之生平，大多已不可考，惟沈兰根在抗战末期，入唐燿木材试验馆，旋而离去，1949 年后入中国科学院华南植物研究所继续竹材研究。

其时，研究木材经费最充裕之机构，当属航空研究所。飞机为国防重器，是抗击敌人之有力之装备，在日寇入侵之当下，政府资金侧重投向于此类机构，其后该所还扩充为航空研究院。其主持者王士倬，战前为清华大学机械工程系教授，已开展航空木材研究。唐燿对木材在航空制造上之运用，素为关注，在静生所期间即有研究之意向。1941 年唐燿欲赴航空研究所，寻求是否有合作之可能。中工所出公函为之介绍，顾毓瑔则作私信推荐。顾毓瑔私函云：

> 查木材利用研究工作关系我国林业之发展，前途至为重要。本所自西迁后即极注意是项问题，去年复特设木材试验室，由技正唐燿主持其事，年余以来，对于木材利用于兵工、交通以及航空方面各项研究工作均已着手进行，并得有初步结果，关于航空木材利用研究工作，前曾商由贵所与本所合作进行，兹为积极推进该项工作起见，特派本所木材试验室主任唐燿前来洽商，至希查照接洽。②

---

① 中国航空工业史编修办公室编：《中国近代航空工业史》，航空工业出版社，2013 年，第 112 页。

② 顾毓瑔致函航空委员会，1941 年 3 月 27 日，台北"中央研究院"近代史研究所档案馆藏经济部档案，18-22-03-070-05.

在唐燿赴航空研究所之前，顾毓瑔已就合作事宜与王士倬接触，唐燿前往访问协商也甚为相得。返回乐山之后，唐燿作《建树吾国航空用木材事业刍议》一文，如同项目申请，拟出各类问题，解决之方法和计划，以及人员安排、经费预算等，最后得出结论云：

中国川西，有大量珍贵之木材，可用于飞机制造。欲解决此项问题，一面应从成有关飞机制造之木材工业，一面利用已成立之木材试验室之人才与典籍，解决制造上之困难。更应扩充之，探讨木材材性、干燥、薄木合木制造及胶漆等有关飞机上之问题，为大规模制造之基本。秉国钧者，幸注意及之。①

当唐燿对合作甚为期待，不料王士倬不久移砚他去，合作未能实现。此后航空研究院自行其是，与木材试验室只有少许学术交流。

六、四川省农业改进所

四川省农业改进所于1938年9月由四川省政府将所属家畜保育所、蚕丝改良场、稻麦改进所、棉作试验场、第一林场、农林植物虫害防治所、园艺试验场等九个机构合组而成，为综合性农林研究所，统筹办理全省农林建设、技术推广等事宜，所长赵连芳。改组后设八个研究组和一个垦殖工程组，各组大多由名家主持，如食粮作物组李先闻、农业化学组彭家元、病虫防治组周宗璜、森林果木组李荫桢、畜牧兽医组熊大任。木材研究在农化组内，该组于次年冬添设林产制造股，鲁昭祎于1940年3月在其中开展木材干馏试验，经一年努力，获得部分结果，有《木材干馏试验报告》发表。

其时，国内从事木材干馏试验之机构已多，本书之前亦有一些记述，鲁昭祎何以也要做此试验，其在报告"绪言"有所阐述，录之在此，以见其研究之内容，更见其求是之精神。其云：

木材干馏国外研之日久，事业亦极发达，而吾国除些少初步处理生成

① 《经济部中央工业试验所木材试验室特刊》第十一号，1940年11月。

图 1-9 四川农业改进所

物之定量结果外,尚未见有按步加工试制者。抗战军兴,醋酮等来源不易,而需用日多,实亟有加以深切研究之必要,此本试验所以举行之因一也。川省为森林繁茂之区,每年斧斤所及,产木甚多,而遗弃山林之废枝断杆亦不可胜计,任其腐烂或仅用以煅制木炭;将大好之物料坐令虚掷,殊为可惜。本所农业化学组于二十九年添设林产制造股之时,即以为应对废枝断杆讲求利用之道,不但冀以裨益民生,且希有助于抗战,此本试验所以举行之因二也。往昔国内学者亦多对木材干馏加以研究,惟其结果只限于考订干馏液木炭木加斯等对木材之百分率及干馏液所含醋酮木精醋酸之量而已,记录虽颇准确,亦可供工业者之参考,然与实际工业情形颇有出入。且木材干馏工业是否如国外学者所言可加工制成醋酮等物品,亦均未能加以定论,此本试验所以举行之因三也。至木材干馏加工制造方法虽国外学者多有论说,然除初步干馏者外,例不详述,以守秘密,即稍有论述亦含糊不明,而其所用之加工原料除通常习见者外,即同制一种物品亦各有学说之不同,吾等欲冀由木材干馏工业制得优良适用之物品,即不得不先事详究加工制造之方法与步骤并及国产原料之试用,此本试验所以举行之四也。①

鲁昭祎基于所列四条原因，采用青冈材予以干馏，得出结果：粗木精平均为干馏液之8%，蒸馏木醋液60%，木塔儿32%；采用松材干馏，结果大致相同。作者认为其试验，所用原料为枝条废材，无需多量成本，即可获得各界亟求之物品，且赢利丰厚，可用之于生产。其时之报刊有关于鲁昭祎试验成功之报道："制造飞机有一种很需要的喷漆药水叫醋酮，以往完全是靠外国供给。最近四川农业改进所鲁昭祎技师，研究成功，可用木材制造这种药水，而且能制得和洋货一样。听说农改所决在今年设工厂大量制造。"②

其时四川有中国木业公司，在峨边开采木材，有大量可被干馏之原料被废弃。鲁昭祎干馏试验成功之后，即拟往峨边设立干馏厂，以进行生产。关于中国木业公司，也与木材学史有关联，在此作简单介绍。1936年四川省为建筑成渝铁路需要大量枕木，而中国科学社生物研究所长年派人在四川考察植物，建设厅长卢作孚乃请该所派员专程来川，考察四川枕木资源。郑万钧受命考察，结果以峨边有广阔森林，可资利用。如何开采，1937年以铁道部为主导，成立公私合营之中国木业公司具体实施。该公司始末，此引其时人士所写之文如下：

> 铁道部长张公权氏，因鉴于近年来外国木材大宗进口，寖成巨大漏卮；加以铁道建设，积极进行，枕木一项，向均仰给国外，倘不速谋自给，利权损失，何堪设想！爰于上年特派遣专家前往四川调查森林状况。调查结果，认为峨边森林，有长期采伐价值，因嘱川黔铁路公司会同政商、金融各界，发起组织中国木业股份有限公司。此事筹划经年，始于本年六月二十一日在沪成立总公司，资本定为二百万，预定明年可以出货。从此我国铁道枕木，可不必仰给国外。开发利源，杜塞漏卮，诚可歌颂！③

---

① 鲁昭祎、韦启先、程崇德：《木材干馏试验报告》，四川省农业改进所编印，1941年。

② 鲁昭祎新发明，《田家半月刊》第8卷第3期，1941年。

③ 潘寿斌：中国木业公司成立感言，刘平编纂：《浙江兴业银行兴业邮乘期刊分类辑录，1932—1949》，上海书店出版社，2017年，第142页。

1941年11月鲁昭祎往木业公司商洽筹设木材干馏厂事，因干馏所用原料为木业公司废弃之物，本物尽其利之原则，木业公司同意四川省农业改进所之主张，于是鲁昭祎积极筹办，在筹办接近尾声时，撰写《四川省农业改进所木材干馏厂事业计划书》，以向有关方面报告相关事项。《计划书》如下：

川省森林繁盛，木材丰富，每年斧斤入山，伐木不可胜算，生产建设胥此是赖，其有益国民经济实属至明且著。大府屡令整饬，良有朗见。惟现有之伐木界向以砍伐运销为能事，对于林相之整理，废枝断杆之利用，毫未加以讲求，殊不知废枝断杆可利用之，以制种种工业原料，而林相之整理，亦对于林业前途大有关系。拟又闻之凡合理之企业经营，端在正副互补。今伐木界只知以砍伐运销为其主业，而不知扩充其利用断枝废杆之副业，则其所谓主业者，亦不得相当之调剂，而难免颓败，且忍令大好资源任情抛弃，既足以损坏林相之完善，复遭货弃于地之讥，是诚不合才尽其有，地尽其利之道，而更有碍于国家林政之设施也。

职所见及此，特对利用断枝废杆之最能增加生产而有裨国防化工之木材干馏详加研究，其所出产品，如木精、醋酮、醋酸等之加工方法，亦逐步精益求精，堪供各界之用。又该项产品现皆为国内所急需，而不易购得者。当职所研究成绩公布时，即受各方催促，大量制造，以供要用。故本年拟在峨边县沙坪区中国木业公司伐木地带设置木材干馏厂，以应各方之责成，并可藉此提倡废枝断杆之利用，而唤起伐木界之改进，则将来川省森林得合法之采用，而林业亦足资以发达，其收效之大，是不仅伐木界而已矣。

去岁业经派员前往峨边踏勘厂地，并与中国木业公司商洽设厂事宜，适该公司对于断枝废杆之利用，亦颇有意，故允与人事上之合作，并以极少代价之方式，供给原料木材。职所即将于本年三月派员赴峨建设场舍，同时在蓉订购较大机器及先行运装所内已有之小型机器，于四月间部分开工出货矣。五月间全部机器装置完竣后，再行正式开工，多量制造。该厂拟设干馏釜四座，精馏器二座，其他零星加工器械若干，每干馏釜可干馏木材一百斤，每日干馏二次，共用八百斤，精制加工亦每日每段进行，至人员工作之分配，则拟设职员五人，一人总管厂务，一人管理干馏，二人分任精馏及加工，一人担任杂务。又经费原定十五万元，现经核减为十万元，内开办费 57 500 元，经常费及临时费 42 600 元，其支配细目，则详木材干馏厂经费预算。①

农改所于 1941 年 3 月 7 日向四川省政府报告，即呈上此《计划书》，且言："拟在峨边县沙坪区中国木业公司伐木地带设木材干馏厂，曾派员赴峨踏勘厂址，并与木业公司商洽设厂事宜。该公司允予人事上之协助，并愿以极少代价供给木材原料。刻间即须积极筹备，约于五月份便可出货。"此后不知鲁昭祎试验进展如何，至 9 月 6 日其在峨边，向农改所农业化学组主任彭家元报告，并转呈所长赵连芳，云干馏厂将于本月 10 日开始出售成品，请所为之刊刻印章三枚应用，并云该厂经营情况，将于每旬或每月向所呈报。其后情形如何？已不知矣。据《川农所简报》记载，1941 年 11 月鲁昭祎接任农改所所属位于峨眉之林业试验场场长职务②，想必干馏厂就此中断。

图 1－10　鲁昭祎于中央大学之毕业照

鲁昭祎，安徽当涂人，中央大学森林系毕业后，入日本东京帝国大学农学院。农改所设林产制造股，人员除鲁昭祎，还有韦启光、程崇德等。鲁昭祎在农改所关于木材研究者，还有"松脂采集及松节油制造""川西各县林产物加工之调查"等。抗战后期，鲁昭祎辗转去江西，任教于中正大学。抗战胜利之后，1946 年 11 月鲁昭祎又赴台湾，入台湾林业试验所，任森林化学科科长，继续从事研究。1947 年有《木材糖化制酒精之研究》《金鸡纳树皮之化学分析》等论文刊出，此后即未见有任何记载。

七、云南农林植物研究所

云南农林植物研究所于 1938 年设立于昆明黑龙潭，由静生生物调查所与

① 鲁昭祎：四川省农业改进所木材干馏厂事业计划书，四川省档案馆藏四川省农业改进所档案，108－1045.

② 本所消息：《川农所通讯》第三卷第十一、十二期，1941 年 12 月。"本所林业试验场场长叶培忠呈请辞职，已经照准，遗缺已由所呈请省府核准委农化组技正鲁昭祎继任。"

云南省教育厅合办。静生所此前致力于云南植物标本采集有年，然欲穷尽云南植物并予以研究，非在云南设立研究所，作长期研究不可；其时，抗战已爆发，静生所需要在后方有一落脚之处，以便从北平迁出；对云南地方当局而言，植物研究对发展地方农林生产裨益甚大，故积极支持，以合组方式予以实施。

静生所木材学研究，自唐燿赴美留学之后，即无人从事而陷入停顿。当胡先骕与顾毓瑔商定俟唐燿回国之后，即派唐燿在中工所开展研究。然而木材学于静生所而言，仍不可或缺，乃招张英伯入所从事。张英伯（1913—1986年），河北武清人，1937 年北京师范大学生物系毕业，为胡先骕在该校兼职任教之门生。其时，胡先骕准备赴欧洲访学一年，允其一年之后，入静生所工作。故张英伯先去天津，在其姑母所办志达中学任生物学教员，一年之后，胡先骕因抗战爆发而未如期赴欧，但张英伯则如期入所。张英伯入所之后，其木材学工作并未能展开，未久胡先骕令其往昆明，加入云南农林植物所，1939 年秋辗转来到昆明。1980 年张英伯撰写《我的自传》，有专节回忆其在昆明的学习和工作，摘录如次：

图 1 - 11　云南农林植物研究所所址

> 我离平去云南因随带些工作材料，不能走内地通过复杂的交战区域，所以选择当时较快较安全的路程，就是由上海乘船绕香港进越南从海防登陆，再乘当时的滇越铁路直达昆明。一路几经风险，特别怕日军搜查，海盗抢劫和越南人的麻烦。当时越南仍属于法国殖民地，社会混乱，火车很坏，一言难尽。到昆明后，即去郊区黑龙潭云南农林植物所报到，那时仍属静生生物所工作站正在筹备建所，大家都分住在黑龙潭的庙里，我是单身，只能住在大神殿中与鬼神塑像共处，为了壮胆我和王启无同住，每人行军床一套，共用马灯一盏。白天工作时老道念经，我们打字，形成协奏曲，伙食自办，粗茶淡饭。在那岁月能不受日寇直接干扰还能进行科研工作就是幸事，所以大家精神饱满，对生活也满足。①

在张英伯抵达昆明之前，静生所已先后派出蔡希陶、王启无、俞德浚在云南长年采集植物标本，也采集了木材标本。如王启无所采台湾杉木材标本，即为胡先骕所乐道。1946 年其云：“台湾杉另一种则为 *J. flousiana*，首先发现于上缅甸与怒江山谷与滇北菖蒲桶 2 250 至 2 550 公尺之高山上，高至 70 公尺。王启无教授曾砍伐一株，数其年轮在 1 700 以上。此外或有更老之树，曾经逢秦汉之盛世，不啻商山四皓尚生存于今世也。”此时，这些木材标本大多藏于农林所，当张英伯来所后，除利用这些标本外，为符合农林所为农业生产服务之主旨，还准备全面采集云南所产木材标本。1940 年先作昆明附近建筑木材之调查。调查结束，写有《调查报告》，其首之“引言”云：

> 云南林木繁茂，材性复杂，林区庞大，蕴藏丰厚，郁郁苍苍，实为全国之冠。我等处此佳境，为适应目前建设及国防木材需要计，遂于今秋开始云南中部木材调查与建筑试材之采集，以昆明为中心，逐渐向外围延扩，此固属初步工作，而以后大规模之调查，以期遍及全省及其具体研究而开发利用之，皆刻不容缓也。惟此次野外工作因时届深秋，故工作四月即归，更限于经费，并为运输大量试材便利，故仅就昆明东北隅附近各县工作，所经主要县属为嵩明、寻甸、禄劝三县，并巧家、会泽二县之边境，总计共得木材标本百余种，内中约五十种系可供建筑之试材，共计木段百七十

① 张英伯：我的自传，1980 年，中国林业科学研究院档案室藏张英伯档案。

余筒，截取尺寸全依一九三九年美国原料试验协会所定之标准，以备此后合理之试验，现已将所采得主要木材标本之学名鉴定完成，并经整理就绪，且已开始作木材解剖及物理性质之试验。①

张英伯《报告》甚长，除对所经各林区之木材资源予以介绍外，还对其时昆明因人口剧增，建设猛进，因之木材使用亦大增，而提出木材使用方式应予以调整，造林抚育森林方式也提出改进意见，此不俱录。张英伯获得第一批试材后，因农林所设备缺乏，遂与时已迁至昆明之中央研究院工学研究所合作进行。其自言：

云南农林植物所逐渐充实人员，修建试验办公室等，后来郑万钧同志等陆续参加并领导工作，很有起色。原静生所长胡先骕也到昆明安排具体工作。当时与中央研究院工学所周仁先生商议双方合作研究木材问题，由我承担协作课题，这样我就兼两处工作。工学所在近郊区，原有设备条件好，由于课题的发展，我后来重点转移到工学所。这也使我从研究活体树木接触原料利用问题的开始，对以后用生物观点研究资源利用的发展很有影响。②

农林所与中央研究院工学研究所合作之下，设立试验室。关于研究情况，此有一通张英伯在昆明写给四川乐山木材试验室唐燿之函，系向唐燿请益进而言及自己工作状况，或可助了解其之研究。节引如此：

弟自客岁由平静生迁调来滇，处此树种丰美省份，颇思步逐后尘，而注意滇境木材。当在步曾先生策励之下，先开始作云南中部树木之调查与采集，并对主要商用木材作各项试验，以期再推广至其他各林区。工作一年以来，深感兴趣，惟初学伊始，且参考书籍缺乏，一切甚觉困难，至盼此后先生以发展贵室之余，多赐指教，想对此同门后学，定能不吝提携也。

现弟之工作已可暂告段落者如下：(一) 昆明附近四十种重要木材，

---

① 张英伯：昆明附近各县建筑木材调查报告，中国第二历史档案馆藏农林部档案，23－131.

② 张英伯：我的自传，1980 年，中国林业科学研究院档案室藏张英伯档案。

弦径面收缩之研究(依 A.S.T.M.标准);(二) 昆明附近百种木材比重及干湿两季气干下含水量之变化;(三) 昆明市商用木材之调查。现正在进行中之试验:(一) 昆明附近主要建筑用材之力学试验——此项与交通部公路试验室合作,利用清华之试机可作全部各项力学性质试验,已开始数周,期于今年完成之;(二) 数种易生菌害木材对力学性质之影响;(三) 木材干燥之试验;(四) 木材解剖——现已作切片数十种。过去弟颇喜植物组织学,故对制片甚感兴趣,但此间无木材切片机,现皆用徒手切成染色,颇以为苦。

以上所有材料皆系弟去冬采来,于今春开始试验者,各项系农林所与中研院工程研究所合作,但实际工作只弟一人,自采自试,仅得如此少许结果而已。所幸者工研所比较设备尚好,但该所兴趣则趋重木材工业。下年度如经费增加或再与万钧先生计划其他工作。现弟对普通木材干燥、防腐及枕木工业三项,颇感兴趣。三者有何重要参考文献及先生个人尊见,尚请便中指示,以便遵循。滇省木材确值得作具体之研究利用,甚愿先生不偏爱川康,将来亦荫及此方也。弟并愿得机,能去贵室参观,以便面领教益。今暑弟曾因私务赴渝,本拟绕去乐山,终以交通多有延误,而时间不敷分配,促忙乘机返昆,未得如愿,颇以为憾也。①

张英伯以同门后学身份向唐燿请教,自然为唐燿所珍视,即予以热情指导;且张英伯工作成绩亦为唐燿所赞誉。1942 年唐燿因木材室研究人员缺少,还邀张英伯前往乐山工作一段时间,但未能成行。

1944 年 5 月,张英伯受滇缅公路工务局邀请,对滇缅公路由昆明至怒江沿线可供建筑桥梁一般工业用途的木材及森林状况进行考察,野外工作两月,采集试样,调查期间得到美国陆军供应处协助。试验则与西南联大工学院(原清华大学工学院)工学研究所吴柳生合作,对数十个树种的木材进行力学试验,写出《滇缅公路国境沿线之桥梁建筑木材》②一文。此外还在昆明附近的乌蒙山发现一片冷杉原始森林,可为滑翔机制造提供木材。结合此前的工作,张英伯写出《云南

① 张英伯致唐燿函,1940 年 10 月 30 日,四川省档案馆藏中央工业试验所木材试验室档案,160－01－029.

② 张英伯:滇缅公路国境沿线之桥梁建筑木材,《国立中央研究院工业研究所研究报告》第一号,1947 年 9 月。

省六十种林木的木材构造与化学性质的研究报告》。这是当时国内少有的系统资料，为当时抗日战争中桥梁建设提供材料力学依据。这阶段的工作对张英伯后来的研究方向与思路影响很大，开始从植物学的大范围集中到树木学领域，对树皮资源利用，树皮与木材的关系，木质部生长等问题发生浓厚兴趣。

中央研究院工程研究所所长周仁，与秉志、胡先骕为同代之人，共同开创中国科学社事业。张英伯在周仁鼓励与支持下，经与美国耶鲁大学研究生院联系，得到该校之奖学金，于 1946 年赴美国留学。1947 年获耶鲁大学科学硕士学位，1947—1951 年在密执安大学，先后获木材学硕士、哲学博士学位。1951 年完成博士学位后申请回国，因朝鲜战争爆发而被驳回。1951—1955 年，被迫在威斯康星大学及农业部的林产研究所任协作研究员。1955 年，张英伯冲破重重阻力，终于回到中国。由国务院分配到林业部林业科学研究所，还兼任中国科学院植物研究所研究员，1984 年去世。

图 1-12　张英伯

俞德浚对张英伯在云南所进行之木材研究，于 1946 年归纳如下数项："其一，为云南各林区内重要木材标本之采集，已去者有昆明富民罗次诸县、滇东北部之乌蒙山，以及滇西部沿滇缅路线之林区；其二，为昆明商用木材市场与采运方法之调查；其三，为滇中部主要木材之鉴定，计已完成一百二十七种切片，分隶于六十科九十四属；其四，为木材物理性之研究，计已完成一百零六种木材含水量与比重之测定，及四十种木材弦径两面之收缩试验；其五，为木材力学性质之测定，曾就所采五十二种木材分别作静曲、动曲、纵压、横压、顺纹拉力、横纹拉力、剪切、劈开、硬度等之试验；其六，为木材之化学分析，拟就习见之十种木材，分析其水分、灰分、各种配精物、纤维素、木素等，进而试作松木及栎木之木材干馏，比较其干馏产物。此外氏并曾研究施来登木之木材组织，以确定其在系统上之位置。据此推断该独种属应独立成为一科，但可附属于山茶部。此则利用解剖学上之观察，辅助解决分类学之疑难问题也。"①俞德浚与张英伯为北师大同学，其后又同在农林所工作，彼此甚为相得，故对张英伯甚为了解，故所写洵为

① 俞德浚：八年来云南之植物学研究，《教育与科学》，1946，2(2)。

全面准确。

张英伯在昆明,还借用清华大学土木工程系之试机试验,且言清华设备甚好,此附带记述清华大学之木材研究。清华此项研究是由吴柳生主持,在北平时主要从事国产建筑材料之性能和木结构连接性能等,1937 年 3 月发表《几种国产建筑材料之试验》(《清华大学工程季刊》,1 卷 1 期)。1939 年迁昆明后,清华大学与云南建设厅合设"滇产木材试验室",也由吴柳生负责,承担对云南木材种类及其力学性能试验;同时还与中央研究院工学研究所合作,进行木材物理性能试验,继续研究木结构的连接性能,研究成果为《木料结构接圈之试验报告》(《土木工程学会会刊》,1944 年 7 月)。1944 年他们又应滇缅公路工务局及美国陆军供应处工程部的委托,进行该路沿线所产木材强度之试验,并合写了《滇缅公路沿线木材之分布及强度》(《清华大学工程学报》,3 卷 1 期,1947 年)。

八、中央林业实验所

1940 年国民政府农林部将中央农业实验所之森林系扩充为林业实验所,韩安奉命筹组,在重庆歌乐山保育路购房一幢,迁入办公,1941 年 7 月 12 日正式成立。成立之初,设立造林研究、林产利用、调查推广三个研究组。林产利用组主任由中央大学梁希兼任,因缺乏设备和图书,乃拨开办费 2 万元于中央大学森林化学系,开展合作研究,研究地点设于中央大学。关于合作事宜,张楚宝系中林所派往中大工作者,其晚年回忆梁希云:

> 1941 年下半年,他谢绝农林部次长钱天鹤的邀请,不愿出长中央林业实验所,而宁肯义务兼任中林所下属的林产利用组主任,与中大森林化学室双方合作研究,由中林所先后选派张楚宝、陈桂陞、梁世镇、任玮、景雷、昊亭、鲁吉昌等技术人员 10 余人住在中央大学,并按月拨给经费,在他直接领导下进行木材性质、木材防腐、木材干馏、木材干燥等项试验研究。自 1941 年秋至 1946 年初,双方合作研究四五年,取得了不少科研成果,直至抗战胜利后才告停止。[①]

① 张楚宝:林业界的一代师表——记梁希教授生平,《文史资料选辑》合订本第三十九册,中国文史出版社,1989 年。

在中林所成立两年时，所长韩安于中林所工作以总结，其中于林产利用组作如下记述：

> 本组在成立之初，因缺乏实验仪器与参考书籍，为就地借用方便计，故暂设于沙坪坝，两年来研究实验事项分述如下：
>
> 一、木材力学性质之研究：为明了国产木材之抗弯、横压、纵压、横拉、抗剪、刀劈硬度等力学性质，以为兵工飞机枕木桥梁建筑等用材之选择，以解决抗战期间，一部分材料供应问题。本工作开始后，已得结果如下：1. 主要商用木材，如马尾松、柏木、铁杉、冷杉、杉木、银杏等之力学性之研究；2. 六种主要飞机用材，如冷杉、云杉、木荷、桦木、青冈、胡桃力学性质之研究。
>
> 二、竹材物理性力学性之研究：为研究竹材之抗压性强度抗张强度，为代替支柱及钢索之用，是项工作已经告一段落，有《竹材物理性力学性初步试验报告》。
>
> 三、木材物理性之研究：本工作已就四川之主要木材一百三十八种，举行试验，载《中华农学会报》一七一期。
>
> 四、木材构造之研究：编订主要木材之检索表。
>
> 五、木材人工干燥之研究：本工作自行设计建造小型木材人工干燥室，并自制温度调节器，试验工作刻在继续进行中。
>
> 六、木材防腐试验：刻正从事设计监造小型气压法之木材防腐装置，以期试有成效后，可以推广应用，于铁路枕木电杆、桥梁、舟车又建筑用材之防腐。
>
> 七、木材干馏试验：本所为研究木材干馏及各种产品之精制技术问题，与中央大学合作试验，现对于木精之精制及重木焦油之提炼，已得有良好结果，现正研究醋酸及丙酮之精制。俟有成效，当即示范推广民营。
>
> 八、桐油等林产品试验。①

韩安所言载于《中华农学会报》之文，即梁希、周光荣合作发表之《川西(峨眉、峨边)木材之物理性》，前在记述中央大学之木材研究时已言及。而《竹材

① 韩安：二年来之中央林业实验所工作概况，《农业推广通讯》1943年第七期。

之物理性质及力学性质初步试验》则发表在 1944 年第一期《林学杂志》，亦为梁希、周光荣合写。其所试验川西所产木材，针叶树有云杉、冷杉、铁杉、柏木、杉木、马尾松等六种，阔叶树有青冈、丝栗、雅川石栎、刺楸、野核桃、桦木、木荷等七种。

经过两年合作，取得如此之多成绩，也培养一些人才，韩安计划将林产利用组自中央大学迁回所内，但不为梁希赞同，故其兼任组主任于 10 月辞职，所留空缺翌年 2 月聘朱惠方等人。朱惠方到所后还兼任副所长。此前朱惠方在金陵大学，曾于 1942 年 4 月与中林所合作研究木材燃料问题。

朱惠方到所后，林业实验所条件已得改善，林产利用除继续与中央大学合作外，即自行开展一些项目。1944 年 8 月购买他人在嘉陵江边磁器口旧有厂房作为林产制造实验工厂。关于其购置过程，所长韩安在中林所建所三周年时所作报告中有言：

> 本所林产利用组，除对于各项林产作普遍之研究外，并选定某几种特殊林产制造为工作中心，期对于目前抗建伟业有所贡献，如食糖及葡萄糖之提制、竹木纤维之利用等，经两年来小规模之试验，已微有成效。今年春，承本部前部长沈之指示与鼓励，拟将是项研究结果，增加产量，奉令积极筹设林产试验工厂，择取研究已有成效者，努力生产，作为示范，俾便相机推行民间。除饬本所分头接洽，拟向中国农民银行贷款作为该厂之营业费，并先由部拨发一百万元，作为洽购厂址，该地原为民营利川化学工业社，有自建厂房十余间，尚可整理应用，且位于交通便利之区，原料易于集中，四围空地尚多，将来亦有扩充发展之可能。现该地已于本年八月三十一日办理成交。①

设立林产制造试验工厂后，乃将中央大学木材研究部分内容移于厂内，成立木竹试验室、木材工艺实验室、木材防腐实验室、森林化学实验室及林产制造实验室。设置如此之多实验室，乃是准备全面开展。然而，此时主持者朱惠方奉派赴美国考察林业半年，待其 1945 年春回来之后，限于经费，原定计划也未如期完成，仅是奠定一些基础。《林产利用组三十四年度工作概况》列举其

① 韩安：农林部中央林业试验所概况，《林讯》第一卷第三期，1944 年 11 月。

已开展工作之大纲如下：木材纤维实验、木材炭化试验、林产油脂利用研究（漆脂、茶油、胡桃油）、林木种子含油量测定、林产油脂提取方法之研究（白蜡、桐油、茶油、胡桃油等）、国产丹宁材料之研究、主要植物胶之提取方法研究、松脂采集并精制试验、纤维发酵试验、木材之物理性测定（收缩）、木材把柄强度比较、刺楸与雅安石栎强度比较、木材防腐、木材干燥处理等①。未久，1946年6月朱惠方辞职他去，且实验所又复员迁所至南京，诸项研究并未展开。朱惠方初到中林所时，被指派参加中央训练团受训三周，其时，大多政府机构领导人员，都要参加此类训练。在受训期间，朱惠方对业务工作计划，作这样介绍：

> 余自奉农林部令，来渝协助中央林业实验所之工作，为时甚暂，且以经费拮据，计划与执行不符，成绩恐难达预期之标准。现在该所分行政与技术二部，而技术方面又分造林、林产利用与调查推广三组，自前年开办之初，组织即不健全，造林与林产利用向设在外方，而本所仅有调查推广一组，两年来因组织不合理，研究工作无法开展，殆陷于停顿之状态，自去年始购地设场、建屋、设备，并同时确定计划，集中研究试验工作，至今基础始克奠定，唯最近以物价高昂，一切设备，限于经费几又不能推进，诚属惶恐不置。②

其后，果然如朱惠方所预料，中林所木材研究进展无多。但在抗战胜利在即，复员在即，朱惠方写《复员时木材供应计划之拟议》③一文，对国家建设所需木材作出思考，提议设置木材供应委员会，负责勘察林区木材储量、采运、锯制、配销、管制等工作，可见其眼界之宏大。

日本投降之后，1946年夏朱惠方脱离中林所，受命去东北接收日本人所办大陆科学院木材研究部门，后该部门并入长春大学农学院，朱惠方任农学院院长。1948年赴台湾，任台湾大学森林系教授。1954年自台湾赴美，由前金陵大学教授伊立克介绍，以纽约州立大学林学院交换教授名义，在美国访问木材

① 农林部中央林业实验所林产利用组二十四年度工作概况，《林讯》1945年第二期。

② 朱惠方：略述受训心得与本已业务之改进计划，1944年，手稿，中国林业科学研究院档案室收藏。

③ 朱惠方：复员时木材供应计划之拟议，《林讯》第二卷第五期，1945年9月。

工业和林产研究机构。1956年底回到大陆,任中央林业科学研究所研究员,后任中国林业科学研究院森林科学工业研究所室主任、副所长;1978年去世。

抗战胜利后,中林所迁至南京,所址设于太平门外紫金山北麓。所之规模扩大,原先所下之组改称为系,共有六系之多,员工近百人,所长仍为韩安。林产利用组前改名木材制造组,现又为名木材工艺系,继续从事木材力学、木材构造、防腐、干燥等研究,充实设备,1948年拥有万能锯木机一座,圆盘锯木机两座,铁工厂工具全套、木工工作机一座,其他手提电刨、电钻、电锯等小件工具,还建有木材干燥炉。

韩安办所,甚为注重人才,尝云:"每一门学科有一领导人才为之倡,则必有能言能行之士从事研究,于是干才辈出,而事业方得以发展。陈焕镛先生倡导森林植物学研究,于是有秦仁昌、郑万钧、蒋英辈之继起,此其明证也。"①当林产利用组主任朱惠方去所之后,韩安乃有聘唐燿之意。其时,胡先骕主持静生所复员,经费支绌,与中林所合作,调查江西、云南森林,合作编写《中国森林植物图志》等。韩安乃请胡先骕为其谋划,从胡先骕与韩安通函,可知其事:

> 胡先骕致韩安:吾兄欲邀唐曙东来贵所任顾问,兼木材系主任甚佳。弟意宜商之左舜生,请其与陈启天部长商酌,将整个木材实验馆由经济部拨归农林部,则一切设备材料图书皆可移转,庶唐君多年心血所积不至因来贵所而抛弃也。木材试验馆之成立,静所曾有所协助,而陈部长又为东南大学毕业生,弟可为此事作函分致左、陈二公。彼二人同党,应更易商量也。不知兄意如何?②

> 韩安复胡先骕:至聘唐曙东事,已上书左部长,请与陈部长磋商,能将木材实验馆由经济部拨归农林部,尤为欣幸。备请分神代向两部长进言,以便促成,至深拜感。唐君本人意见如何,亦乞代征询。③

抗战胜利后,大多研究机构东迁,而唐燿仍在四川乐山维持木材试验馆。

---

① 韩安:农林部中央林业实验所之展望,《林业通讯》1948年第10期。

② 胡先骕致韩安函,1947年6月15日。

③ 胡先骕致韩安函,1947年6月20日。

胡先骕认为中林所聘请唐燿，不是仅聘唐燿一人，而是将中工所木材试验馆隶属于经济部改隶于农林部，左舜生、陈启天为农林部部长和次长，只有通过部级，才能将此事办成，胡先骕乃呈函他们，为之陈情。此事不知何故，未能办成，木材工艺系乃请陶玉田主持。陶玉田(1905—1974 年)，字京山，山东安邱人，金陵大学农专及森林系毕业，留学美国耶鲁大学林学院，曾任农林部林业司科长，在中央林业实验所为简任技正。1949 年去台湾，曾任农业委员会林务局局长。陶玉田 1946 年至 1948 年主持中林所木材工艺系时，该系主要工作：

(1) 木材力学及物理性研究：仍继续在重庆已开展常见六种木材之强度试验，并将南京市三种重要商用木材松、杉、柏之比重、含水量及收缩与膨胀等性质加以测定。研究人员有技士王伯心、张景良，技佐何明安。

(2) 木材构造之研究：完成川西重要木材二百余种之检索表及中国主要针叶树与阔叶树环孔材部分之初步木材检索表。担任此项工作系技士张景良一人。

(3) 木材防腐研究：与交通部木材防腐实验所合作试验压力防腐，由技士周平负责研究。

(4) 收集木材标本：自行采集，或向国外各林业机关、学校及林产公司函请交换，至 1948 年已收集三百余种。

除上所列，木材工艺系还筹设锯木加工示范场，以推广电动木材加工工具；还准备从事薄板、三合板、浸渍木等之研究与制造；后还将前在四川农改所从事木材干馏之鲁昭祎聘请来所，从事干馏研究。聘请中工所木材试验馆副主任王恺为木材工艺系名誉技正，协助办理木材加工厂。由于时局动荡，国民经济迅速破溃，随后国民政府也为之崩溃，诸多研究均未有结果，很快中林所被人民政府接管，步入新的时代。

1948 年中林所选派贺近恪赴澳洲工业科学研究院实习木材性质研究。贺近恪(1919—? 年)，河南巩县人，1945 年中央大学农业化学系毕业。贺近恪在澳洲学习二年，1950 年 10 月回国，在中央农垦部工作，1960 年中国林科院在南京成立林产化学研究所，乃往该所工作，任木材水解试验室主任，1978 年至 1984 年任所长。

九、安徽大学农学院

1945 年抗战胜利，安徽大学在安庆复校，陶因任校长，设文、理、法三院。

第二年扩充，添设农学院，聘齐坚如为院长。齐坚如(1900—1973年)，原名齐敬鑫，安徽和县人，1927年毕业于金陵大学，1930年赴德国留学，1933年毕业于德国明星大学并获博士学位。回国后曾任西北农学院教授、教务长。在陕西期间，注重木材研究，为获得枪托木材，而试种核桃木，受其影响，受业学生中，对木材学多有兴趣，其后有多位成为中国木材学家。齐坚如在抗战后期赴兰州，任西北农专校长；抗战胜利后，应安徽大学校长之邀，回乡服务，任农学院院长。农学院下设森林系，复聘吴清泉为系主任。系内有木材试验室及木材加工专业，乃由柯病凡主持。柯病凡西北农学院毕业，时在四川乐山中央工业试验所木材试验馆从事木材学研究已五年余，此时该试验馆经费拮据，人员星散，得齐坚如之邀，即来安徽大学，任讲师。柯病凡《自传》云：

> 1948年到安徽大学工作，由陈桂陞、王恺二人介绍给齐坚如。据他们两位说是齐坚如向他们要一个教森林利用学的教师，才介绍我去。到校后，齐坚如又要我马上担任树木学的教学，这一年下半年改教木材工业。①

陈桂陞、王恺均毕业于西北农学院，同为齐坚如之学生，皆曾在乐山木材试验馆工作过，时在南京或上海，与齐坚如常有联系。齐坚如不仅在教学上需人，且计划开展木材研究也需人。

大约在1946年齐坚如计划开展国防用材试验，为申请仪器设备经费赴南京，在有关政府部门作“森林万能论”“木材对国民经济和国防建设之重要性”演讲，筹得经费，即在上海订购瑞士木材万能力学试验机，美国Spencer公司制造生物显微镜、切片机等先进仪器。但这些仪器，至1950年安徽大学自安庆迁至芜湖才到来，所以关于木材力学试验此前尚无法进行。于此，柯病凡云：

> 1948年初，安徽大学受国防部国防科学委员会之委托，研究枪托用材核桃木之代替木材，学校聘我主持其事，乃在农学院设立国防木材试验室，从事研究；但也未能尽兴进行，至解放前夕，研究结果除发现十种国产

① 柯病凡：自传，1956年，安徽农业大学档案馆藏柯病凡档案。

木材可以代替核桃作枪托外，并就安庆近郊习见树木约五十种，试验其含水量与基本比重及商用木材之平衡含水量等。①

图 1-13 柯病凡在使用万能力学试验机

1950 年瑞士制造万能力学试验机到来时，中华人民共和国已成立，革故鼎新，安徽大学重新改组，农学院森林系有教授齐坚如、吴清泉、陈雪尘、吴曙东；讲师有柯病凡、丁应辰；助教有李书春等。此后，木材学研究继续在柯病凡主持之下进行，成员有李树春，后又将自美国留学回国之成俊卿纳入其中，充分利用万能试验机，进行一系列试验，并培养一批木材学研究人才，许多为鼎革之后中国木材学事业中坚力量，如卫广扬等。几十年后，该试机不复使用，但一直为安徽农业大学林学与园艺学院森林系所珍藏。

① 柯病凡：自传，1956 年，安徽农业大学档案馆藏柯病凡档案。

第二章 DIERZHANG

静生生物调查所之木材试验室

静生生物调查所系由尚志学会与中华文化教育基金会合办，成立于1928年10月1日。尚志学会系由一批留学日本学者所组织，成立于1911年7月，范源廉任会长，成员有220余人，会址设于北京西城化石桥。范源廉（1875—1927年），字静生，湖南湘阴人。历任教育总长、北京师范大学校长、中华教育文化基金董事会干事长。其对生物学颇感兴趣，闲时外出采集标本，也曾一度专门从事。1925年丁文江在北京创办地质调查所之后，认为生物调查也是一项亟待进行之事业，向尚志学会提出倡议。其时，尚志学会创办了一些文化教育事业，如法政专门学校、职业中学、尚志医院、尚志中学，在商务印书馆出版《尚志学会丛书》等，但均不算成功，乃欲谋求创办一永久性事业，而生物学又为范源廉个人兴趣，知此学有益民生，乃同意出资创办，于是丁文江邀请动物学家秉志为之筹备。秉志（1886—1965年），原名翟秉志，字农山，满族，河南开封人，1917年获美国康乃尔大学哲学博士，1920年回国任教于南京高等师范学校农科动物学教授，由此开创中国生物学，1921年与植物学家胡先骕在农科创办生物系。1922年秉志和胡先骕又在南京创办中国科学社生物研究所。几年之后生物所业绩开始显现，令国内外科学界所瞩目。但他们感到研究区域难以延伸到华北，故在北京设立研究机关也是他们所求。但是，所议并未立即组织实施。1927年12月，范源廉去世，为纪念范源廉对中国教育文化所作之贡献，中华教育文化基金董事会与尚志学会重提合办生物调查所，且以静生命名，由秉志任所长。其时，国民政府定都南京，将北京易名北平，故该所全称名为北平静生生物调查所。

静生所所址初设于石驸马大街83号，原为范源廉住所，由范源廉胞弟范旭东以范家名义捐作开办研究所。所中设立动物部、植物部，分别由秉志、胡先骕任主任。但秉志因在南京主持中国科学社生物所，只能兼顾，每年来所指导并研究动物学二个月，所务则交胡先骕董理。胡先骕（1894—1968年），字步曾，号忏庵，江西新建人。1916年美国加利福尼亚州立大学伯克利分校毕业，1918年任南京高等师范学校农科植物学教授，秉志来校任动物学教授后，即共同组织成立国立大学中第一个生物系，其后，与秉志一同创建科学社生物所，此又一同创建静生所。中基会与尚志学会合办之方式，乃是中基会提供调查所常年经费，尚志学会提供 15 万元作为基金，由中基会保管生息；中基会与尚志学会合组成立静生所委员会，每年召开会议二次，对静生所重要事务予以审议裁决。由于有中基会有力之支持，静生所按照科学社生物所模式运行，但发展却好于生物所。1931 年中基会出资在文津街三号，为静生所兴建新所址，原址则改为通俗博物馆。1932 年 1 月 1 日，秉志难以兼顾南北两所，提出辞职，胡先骕接任所长，一直到 1949 年该所终结。

一、胡先骕与木材学研究

胡先骕出身于官宦世家，幼甚聪颖，但父亲早逝，由寡母抚养成人，且立志甚早。先就读于京师大学堂预科，1912 年赴美留学，入加州大学伯克利分校，先习农学，后改习植物学。在 1914 年胡先骕致函胡适，言及自己选择农学、植物学之缘由：

> 弟幼孤失学，频年奔走燕蓟，忽忽二十载，韶光虚耗，一无所成。今来是邦，亦以恶驽不中上驷。惟幼秉庭训，长接佳士，闻风慕义，颇知自好，虽德薄能鲜，无所成就，然未尝不欲躬自策励，以求一当，藉以上慰先人，忧国之忧亦以图报邦国于万一也。窃以弟束发受书，即知国难。盖弟托生之日，即家邦败于倭寇之年，忽忽二十年，国事愈坏，蒿目时艰，中心如晦，然自以力薄能鲜，别无旋乾转坤之力，则以有从事实业，以求国家富强之方。此所以未敢言治国平天下之道，而惟农林山泽之学是讲也。①

胡先骕还有诗句曰："二十不得志，翻然逃海滨；乞得种树术，将以疗国贫"，也可与上函所言互证。从事实业，寻求国家富强之方法，乃是其时之社会进步思潮。中国积贫积弱久矣，屡败于世界列强之船坚利炮之下，最后才意识到是科学技术不如人，于是向西方学习，派遣大量学子留洋，以获得先进科学技术，以期达到自立于世界民族之林。胡先骕恰逢其时，亦投身其中。回国之后，即同秉志一道，在中国开辟生物学研究事业。

---

① 耿云志主编：《胡适遗稿及秘藏书信》第 30 卷，黄山书社，1992 年。

图 2－1　胡先骕

胡先骕所领导的植物学，首先关注的是中国植物资源，常年派出科学考察团，赴植物资源丰富地区采集植物标本，以分类学方法予以研究和整理，建立植物标本馆，计划编纂《中国植物志》。其次，如何发掘新的植物资源，运用于农业、林业、医药、园艺等许多行业，故经济植物学也是其关注之领域。木材学进入胡先骕视野，不知始于何年？在南高东大、在科学社生物所时期均未提到木材。今查胡先骕文字，最早提到木材在 1927 年，其将北上主持静生所。是年胡先骕赴日本出席第三次太平洋科学会议，会议期间，参观目黑林业试验场，写有参观记。其云：

> 试验场之陈列所，实为大观，一切与森林有关之物，靡不毕具。竹类基干之标本林立，其大者如麻竹，径逾半尺。森林中鸟兽标本亦夥。至森林利用，如木制家具，下至中国之虎子、乐器、建筑材料、香蕈栽培、植物油漆、软木、鞣质原料，无不应有尽有。树木种子与木材标本亦极多。[①]

此次访问胡先骕还获得目黑林业试验场赠送该场出版物《日本森林树木图谱》，待胡先骕返回南京之后，则回赠数种新发现种树，以答雅意，由此建立学术关系。

1928 年 10 月静生所成立后，时已进入秋冬季节，北方天气寒冷，未派人员外出采集植物标本。第二年开春之后，即有派出，赴华北、东北采集。所采集者除腊叶标本，还注意采集木材标本。本年初，燕京大学毕业之李建藩来所任植物部研究员[②]，胡先骕嘱其研究木材。9 月特派李建藩往东陵采集木材标本，约得百余种。[③] 李建藩所采有一新种，经胡先骕研究，以李建藩之姓氏命名为李氏铁木（桦木科）*Ostrya liana* Hu，且言："此为近时发现特有兴趣之大树，

① 胡先骕：参观日本植物森林研究机关小纪，《科学》12 卷 4 期，1927 年。

② 静生所职称是，一般人员入所时为助理，即初级职称；大学毕业为研究员，属中级职称；国外留学归来，则升为技师，属高级职称。

③ 静生生物调查所第一次年报，1929 年。

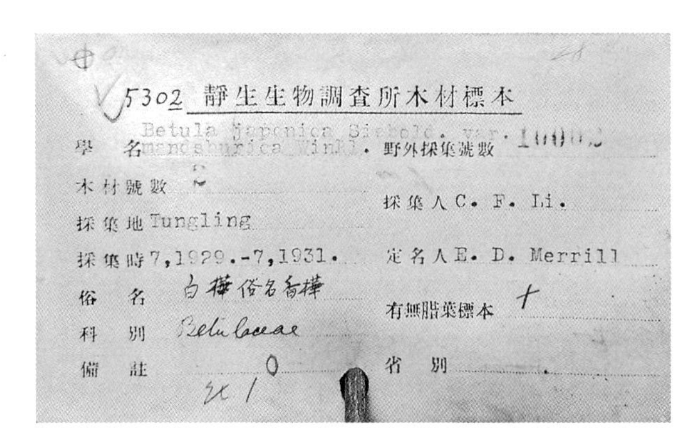

5302 静生生物調查所木材標本

學　名 Betula japonica Siebold. var. mandshurica Winkl.　野外採集號數

木材號數 2

採集人 C. F. Li.

採集地 Tungling

採集時 7,1929.-7,1931.　定名人 E. D. Merrill

俗　名 白樺 俗名 香樺

有無腊葉標本 +

科　别 Betulaceae

備　註 0　省　別

图 2-2　1929 年李建藩在东陵采集白桦木材标本记录为静生所第 2 号木材标本，现藏于中国林业科学院木材工业研究所

现仅在东陵及雾灵山发见，闻辽宁亦有之，木质纹理细密，作家具之材也。土名苗榆。”①此时，静生所也开始搜集木材学文献，购置木材切片机和显微照相机，由李建藩开展木材解剖学研究。

木材学所涉范围相当宽泛，属纯粹科学和应用科学之间。就前者而言，有木材构造学，借此可以说明植物各科属之间之进化亲缘关系。静生所之于植物学研究，旨趣在于植物分类学、植物地理学、植物形态学等，即以木材构造作为分类学依据；但胡先骕还认为，当以植物分类学为基础，辨别木材种类，再运用植物解剖学理论和方法，研究木材组织形态、结构、色泽、生理及其生长、发育过程；掌握木材基本材性，然后再开展木材之物理性、化学性、力学等应用研究，以及如何利用于工程之中。其时之中国，尚未有机构开展木材解剖研究，故木材利用甚为肤浅。1932 年胡先骕曾言：

> 治工程学者，不可不知木材性质与其产地，及其出产量之多寡。而欲作木材力学试验，必须先知树木之种类，对于其他森林利用学亦莫不皆然。而中国树木学尚无详尽之研究，无怪中国工程师几于一律不用自国产之木材，而必购洋木；盖洋木之物理性质，早经欧美科学家为详尽之研究也。中国木材在工程上之需要不知，则造林亦惟有暗中摸索而已。②

① 胡先骕、陈焕镛：《中国植物图谱》第四卷，静生生物调查所印行，1935 年。
② 胡先骕：与汪敬熙先生论中国今日之生物学界，《独立评论》15 期，1932 年。

由此可知，静生所在致力于木材学研究之初，即已确定在理论与应用两方面同时进行；然在筹备之时，李建藩于1930年10月申请到美国华盛顿大学助学金，辞职赴美，其木材研究并未开展起来。[①] 李建藩离去之后，胡先骕即邀唐燿入所，1931年2月到职，且专门研究木材学。

二、唐燿入职静生所

1930年末，胡先骕向唐燿发出邀请，请其来北平静生所从事木材研究。翌年春节一过，唐燿即为北上，任静生所研究员，由此开启其学术生涯。唐燿（1905—1998年），字曙东，安徽泾县人，生于江苏扬州。世代书香之家，其父唐棣华，仅得秀才，功名未遂，家道至此也已中落，遂将光耀门楣之愿，寄托在儿子身上。因此，唐燿自幼被教导形成读书扬名的思想；然而，其父却在1921年早逝，唐燿尚为少年。母亲朱氏，唐燿云其慈祥温厚，对其幼年教育、生活习惯都有极大影响。其后，唐燿是寡母抚养成人，其学业则是在亲友资助之下得以完成。唐燿自言：

图2-3　唐燿

> 我高小毕业后，苟非吾母之卓见及坚持，即将辍学就业矣。我入中学时，每年学杂费虽不多，均赖吾母东挪西凑。当吾父去世后，亲友均欲使余改业，但端赖吾母毅力和操劳，使我得以完成中学教育。
>
> 一九二三年，我在中学快要毕业时，我的祖母又去世。可是家境清寒，未能阻止我上进的志愿。考期将届，我的母亲多方为我筹措旅费，最后商诸旧日的老帮工，借了她的衣服质押钱来，才解决我来往的川资，赴南京参加大学考试。

---

① 李建藩于1931年在美国圣路易病逝，《静生所第三次报告》记载其去世消息，并云："李君曾调查本省东陵之森林，*Ostya liana* Hu 及 *Allium ltera* Stearn 均为李君在东陵及百花山采得之新种，其著作有《东林天然森林之初步观察》及《玉簪花胚胎之研究》二文，又从事于中国植物学字汇之编纂，方冀学成归国，继续研究，骤尔去世，殊堪惜悼。"

> 到了南京，考期还有两天。我随同一同来考的同学往东南大学办完了手续，独自留在旅社里温习功课；还开了一个“夜车”；我当时十分重视这一个不可多得的升学机会。返家以后，天天注意报上发榜的名单。一天上午在《申报》上看到了“榜上有名”，心中是多么高兴啊！再翻翻同船去应考、住在一个旅社的同学，一个也未录取。我马上把载有“东南大学”录取名单的报纸买了好几份，附在信内寄给沪上的祖姑母朱家，并且谒见我第三代的表兄。他对我的努力很表同情，允即函沪上。渠谓倘若吾祖母的嫡出一、二、三房，不肯资助学金使我深造，彼将独立支持。为此，我的四年学费，终于得到补助费一千二百元，分四年支付。我在大学读书的机会如此不易，我幼时所以养成勤俭好学的习惯，这或者是一个重要因素。①

唐燿入南京东南大学生物系，此时生物系设于农科，系主任为动物学家秉志，系中知名教授有胡先骕、陈焕镛、陈桢、张景钺等。胡先骕于1923年再度赴美留学，1925年获哈佛大学博士学位回国，继续执教于东南大学生物系，唐燿即为此时之学生，于1927年毕业。至于唐燿何以选择生物系，则未知。与唐燿一同毕业者，其后也从事动植物学研究有沈嘉瑞、谢淝成、汪发缵、耿以礼、陈封怀、左景烈、李鸣岗等，他们一生均将秉志、胡先骕尊为业师，跟随其后，受惠甚多，共同开创中国动植物学研究事业。

唐燿受业于胡先骕，专业主要为植物分类学；也曾随张景钺治植物解剖学，这些为其日后选择木材学作为研究方向奠定基础。但大学学习，唐燿仅是打下一个基础，更重要的是种下一颗研究科学的种子。唐燿在行将毕业时，曾发表译作《比较解剖学上之天演观》②，原作者是美国芝加哥大学动物学教授纽曼(H. H. Newmen)，文章以动物解剖学方法研究古生物化石，以见证动物进化之历程。由此可知，唐燿在大学时兴趣甚广，且已有一定功底。但是，其却说：“三年半的大学生活，大部分埋首在书本中，但是成绩很平凡，而且学得很庞杂、肤浅。我读完大学，虽然对于科学同技术以及文字的训练有了一个初步的基础；但是自己觉得还很空虚。当时萦回于脑际的，不是政治意识，也不是

① 唐燿：《我从事木材科研工作的回忆》，中国科学院昆明植物研究所印行，1983年，第2—3页。
② 唐燿译：比较解剖学上之天演观，《科学》十二卷第五期，1927年。

图 2－4　1925 年东南大学生物系毕业生合影左一左景烈，左五金坚维、左七李鸣岗、左九唐燿、左十陈封怀、左十三耿以礼

婚姻问题，而是出国深造。这个愿望，使我保持着进取的精神。”①或者唐燿并非是一个非常优秀的学生，所以在毕业之时，并没有被胡先骕留在身边，在大学谋得助教职位或入生物研究所从事研究；而是经人介绍到在上海暨南大学附属中学任教员。

唐燿在上海仅工作一年，即转入家乡扬州中学任教。但唐燿进取之心，不曾改变，在暨南时，发表《生物科学在教育上之价值》一文，为其在中学讲授生物学所思所想，其云“动植各物，最为切近人生，为农业医药诸应用学问之基本科学。其实施科学方法之训练，较之理化尤易，盖其材料随处皆可求得也。”②从事生物学研究门槛较低，研究材料易得，而研究价值易显，这也是

① 唐燿：自传，1952 年，中国科学院昆明植物研究所藏唐燿档案。

② 唐曙东：生物学科在教育上之价值，《暨南周刊》，1927 年，第五期。

科学开始在中国传播时，生物学得到优先发展之原因。关于此本书前已有述，此再引唐燿之语，再为说明。对于生物学与人文之间关系，唐燿是文也有归纳：

> 生物学为人类应有之知识，不特为农业上、医药上之基本，亦且为人文教育所必须，兹条举于下：
>
> 一、便明了自然及自然现象。
>
> 二、便了解自然物及自然现象与人类社会生活之关系，并其利用之道。
>
> 三、引起对于动植物观感之兴趣，并涵养审美之观念。
>
> 四、练习感官发达，观察判断思考诸能力。
>
> 五、明了生物学上之原理原则，并组成生物学知识之方法。①

唐燿有此之想之思，不会安于中学教员职位，或者与导师胡先骕通函时，有所倾诉；或者其性格与求学之信念为胡先骕所欣赏；还有其由寡母抚养成长之身世，与胡先骕有相似之处，故而惺惺相惜。当胡先骕物色研究木材学之李建藩已出国，即邀请唐燿前来，填补空缺。唐燿在中学教书薪金所得与其初入静生所任研究员②所得尚称丰厚，但唐燿还是毅然决然地选择了后者；此时，唐燿新婚不久，其妻也赞同其选择。如此决断，以世俗眼光衡量，或属不智；但唐燿没有将薪水放在第一位，可见其眼光和决心。唐燿在晚年于此有不无感慨之回忆：

> 结婚后未满蜜月，我即单身先行北上。时际腊月，春节将临，我妻毅然支持我放弃月薪一百六十元的家乡教职，而离乡背井，谋月薪仅九十元的研究人员的待遇，记得我妻送别江干，时正漫天大雪，江风呼啸，单身他往，远看她的身影渐渐看不见了，但这确是我搞科研工作的开始之年。今日思此，已经半个多世纪了，还是记忆犹新。因为，我们结了婚，正是我一生搞科研的开始。而且，在我四十多年从事科研工作中得

① 唐曙东：生物学科在教育上之价值，《暨南周刊》1927年第五期。

② 研究员在静生所职称体系中，属于中级；高级职称名之为技师，一般出国留学回国后，才可获得。

到她极大的帮助。回忆我们在结婚后，假若不求上进，我现在可能就没有机会进行专业工作了。因为结婚用了不少钱，我北上的旅费还是出利钱借来的，假若我们只图眼前，我以后一些造就也不可能。我把这些琐事说出来，藉以说明致力科学事业的人，非有勇气和决心，是不足以克服种种困难的。①

唐燿即是这样开启其木材学研究之征程。

三、组建木材试验室

1931 年春唐燿入静生所时，静生所在文津街 3 号所址已建成，并投入使用，一改先前在石驸马大街 83 号之局促，故有房屋成立木材试验室。唐燿来所之前，并未接触木材学，其工作是在胡先骕大而化之之指导下，由其自行摸索获得门径。其自述云：

我到北平以后，胡师告余，木材研究在科学意义上和对经济上都有很大的前途，嘱我好好地准备。当时并借我一本美国耶鲁大学雷高德教授(Samuel J. Record)在一九一八年所著的参考资料。此外，所中还藏有一批日本寄来的木材标本。至于如何去研究木材的性质和用途，似乎无径可循了。

在无法开展工作中，我偶然在图书馆内找到一本世界科学名人辞典，我把有关木材研究的专家和地址记下来，并发出不少信件，说明我的工作，函索有关的刊物。结果我收到了不少复信和资料，其中尤以雷教授所赠送的《热带木材》杂志，以及美国纽约州林校孛朗教授(H. P. Brown)等赠送的木材研究刊物，使我了解到这项专业的一些文献。如此，我向国外专家通信，逐渐克服了研究上的困难，认识到木材的研究应从本国工业用材的鉴定入手。因此，我首先集中精力，选出了中国主要木材的树种，并从事我国主要木材的工作。②

① 唐燿：《我从事木材科研工作的回忆》，中国科学院昆明植物研究所印行，1983 年，第 4 页。

② 唐燿：自传，中国科学院昆明植物研究所藏唐燿档案。

图2-5 静生生物调查所木材试验室一隅

唐燿在摸索展开木材研究的同时，还将静生所此前所得木材标本予以整理，1932年《静生所第四次年报》对木材试验室予以专节记载：

唐燿君专攻中国木材之研究及其在经济上之价值，本年将自中国各地采得之大批木材加以鉴别者，计得117属、172种，其中22属为裸子植物，此外制成切片约五百张，木材显微镜照片100余张，木材比重上之研究数十种。唐君复作中国珍奇木材之研究，如 *Rhoipetelea chiliantha* Diels et Hand.及 *Bretschneidera sinensis* Hemsl.等等。本年接到木材标本与上年度接到者合计在1 200号以上。

本所得 Samuel J. Record 与 H. P. Brown 两教授及各国研究木材专家之帮助，搜集关于研究木材之书籍及小册达二百号。

静生所采集和国内研究机构赠予之木材标本表

采 集 地	赠予之机关及采集人	数量(号)
四川	本所汪发缵	124
四川	中国科学社生物研究所郑万钧采	32

续 表

采集地	赠予之机关及采集人	数量(号)
贵州	中央研究院自然历史博物馆蒋英采	78
广东	中山大学植物研究所左景烈采	140
河南	开封河南大学	37
中国北部	北疆博物院李桑神父采	420
外蒙古	北平地质调查所	1
台湾	Prof. Samuel J. Record.	7
河北	本所周汉藩采	18
河北#①	本所李建藩采	60
河北#	本所李建藩采	70
浙江#	中国科学社生物研究所郑万钧采	15
浙江#	吴功贤采	9
江西#	本所胡先骕采	11
湖南#	本所周汉藩托人采	2
吉林#	本所陈封怀采	5
河北	采自北平木厂	56

静生所与国外交换所得木材标本表

采集地	赠送之交换或赠送者	数量(号)
日本	M. Fujioka.	76
日本	M. Fujioka.	40

① 有#符号者,为1930年之前所采。

续 表

采集地	赠送之交换或赠送者	数量(号)
印度	Samuel J. Recod	86
德国	H. Greedemann	30
美国	H. P. Brown	47
澳洲	M. B. Welch	29
美国及非洲	美国国家博物馆	100
加拿大	加拿大林产实验室	30
中国南部	南京金陵大学	30
菲律宾	菲律宾森林局	100
英国	林产实验室	30
美国	J. G. Jack	100

由上表所列,可知国内一些研究机构,受胡先骕倡导之影响,也开始采集木材标本,或受胡先骕之托顺便采集,但其机构均未安排专人专门从事研究;与国外交换,自唐燿入所后得到加强,除与日本继续交换外,还与西方国家取得联系。此木材标本室,乃是国内第一个木材标本室。其后,标本数逐年增加,1933 年增加 828 号,国内主要来自中山大学农林植物所陈焕镛采自广东、科学社生物所郑万钧采自安徽黄山、中国西部科学院俞德浚采自四川、静生生物调查所蔡希陶采自云南、金陵大学园艺系朱惠方采自浙江及江苏、平汉铁路韩安采自河南李家寨等;国外则来自日本多位教授采自日本或台湾,印度森林研究所、英国邱皇家植物园等。邓叔群在美国访学,也代为搜集。1934 年增加 573 号,主要有美国纽约州森林学院布朗教授赠送澳洲、非洲及苏门答腊标本 205 号,中山大学农林植物所陈焕镛赠送广东标本 79 号。至此标本总数达 2 600 号。此时,国内已有一些大学农学院或理学院开展木材研究,但各自之木材标本室建设均不尽人意,静生所曾为之提供试材。

唐燿之研究,除厘清木材种类,建立木材标本室外,主要在木材解剖学。

自1932年开始发表《中国木材之研究》系列论文于《静生所汇报》和《科学》杂志上，有《穗果木科木材解剖之研究》《华北阔叶树材之鉴定》《华南阔叶树材之鉴定》《中国裸子植物各属木材之研究》，并将视野扩大到木材之应有研究，并编纂《中国木材学》一书。《静生所年表》1933年、1934年对其研究有此记录：

> (1933年)唐燿君除已完成其《中国产松杉紫杉各科各属木材之研究》外，复致力于双子叶植物木材之系统研究，现以余力编著《中国木材学概要》一书，此一年已完成重要木材切片照片及记述二百余属三百余种。
>
> (1934年)本室(木材研究)工作除切片照相及中国木材之鉴定外，本年度唐燿君完成《中国木材学》一书，将由中华教育文化基金会刊行，并与国立中山大学合作，研究海南之木材。与世界木材解剖学会合作，研究金缕梅科、桤莎科及安息香科之木材解剖。论文之已结束者，有《中国木材重要之初步研究》及《中国经济木材鉴定上之初步研究》二文。

静生所木材试验室之研究所得，颇得胡先骕称颂，1933年胡先骕作文，列举中国科学家近年对自然科学的贡献，言及静生所有云："有一位我的学生唐燿君，研究木材解剖，关于华南华北阔叶木材之研究有很好的报告，现已被举为英国木材解剖学会会员。又有一位静生生物调查所的练习生夏君，专作切木片工作，已制成切片八百余，每天能切二十种木材，此种成绩，殊可惊人。"由此还可知，静生所木材试验室还有一位助理，此夏君何许人也？查《静生所年报》所列职员名单中，唯有夏纬琨者，即其人也。其后，唐燿出国留学，夏纬琨改任植物标本室管理员。

以科学服务于国计民生，胡先骕素来重视。当唐燿木材解剖学开展之后第三年，1933年10月，胡先骕曾言"敝所设立飞机木材试验室事，已有成议"①，盖在筹划当中。将木材运用至飞机制造中，即须研究木材之材性。然而，筹划未果，1936年胡先骕向社会发出《中国亟应举办之生物调查事业》呼吁，其中就木材研究有言：

① 胡先骕致刘咸函，1933年10月15日，周桂发等编注：《中国科学社档案整理与研究·书信选编》，上海科学技术出版社，2015年。

> 用木材解剖性质以鉴别木材之种类，其重要与调查树种相若，此项工作自吾国提倡造林三十余年无人曾于此致力。此项研究为静生生物调查所所创始，计曾经采集之木材，来自河北、江西、四川、云南、贵州、广东、广西各省，而曾经研究其木材解剖者，共有四百余种，重要之软木、硬木材几于各属皆已具备，已粗奠此项研究之基础。若能增加此项研究之经费，而假以时日，则全国所有之树木之木材解剖，皆可研究竣事，而森林家与工业家乃有南针矣。至于材性试验，则以须购买木材试验机，且须采集大宗木材以供试验，所费甚巨，故在静生生物调查所一时未能进行此项工作，然四百余种木材之比重，已经研究完毕。此类研究已经开始，其他工业研究机关，虽亦有作此项研究者，然以无人能辨认树种，得材不易，故未能为大规模之研究。若拨专款购买木材试验机，及供大规模采集之用，则中国一切木材利用之基础，可以奠定，而工业用、军用、造纸、枕木各项木材，皆知从所取材矣。①

唐燿在胡先骕倡导之下，也作《国产木材之利用》②一文，呼吁对木材物理性质、防腐方法等予以研究，以便广泛使用国产木材。其时，由于对国产木材材性不知，在已开发之区，不知造林，已无木可采；而在偏远地区，虽然蕴藏丰富森林资源，但交通不便，无力采伐；而所用之者，多是进口木材，靡费外汇，实不经济。唐燿该文就国产木材应用诸问题，陈述改进之方法和步骤。而另一文《中国木材问题》，唐燿更是结合自己所从事之研究，而言进一步研究之途径：

> 国产木材之研究，以木材分类学，及木材材性与力学研究，为最切实用。其中中国木材分类一项，作者已在静生生物调查所进行，并著有中国华南、华北重要阔叶树材之鉴定，及中国裸子植物各属之木材之初步研究等，中西合璧之报告三册。并有该所及中山大学农林植物所等植物分类学之机关，在四川、贵州、广东、河北诸省，采得中国正确定名之木材标本，及与外国各研究木材机关交换，得来外国正确定名之木样，各千余号以上，得以顺利进行。其他二项之研究，需费较大，俟得相当辅助，亦将筹划进行。

---

① 胡先骕：中国亟应举办之生物调查事业，《科学》20卷3期，1936年。

② 唐燿：国产木材之应用，《科学》第21卷第1期，1933年。

木材各方面之研究，均须有各别之专家，以董其事。惟就中国之现状而论，其难得多数专家任其事，倘能就国立研究植物分类学及研究木材有根基之机关，与以辅助。使其对于木材研究之进行，得以充分进展，则裨益于中国木材之前途者，当非浅鲜。甚望吾国实业、工程、农林诸先进，与木材巨商，注意及之也。①

唐燿本人已开始关注木材应用情况，不时考察中国木材市场，随将其研究和考察所得，汇编成《中国木材学》一书。该书得中基会资助，于1936年由商务印书馆出版。全书近700页，40万言，可谓皇皇巨著，且以两年完成，可见唐燿用力之勤。书中内容分上下两篇及附录，上篇为总论，说明木材之结构与其识别法，及木材之理化力学诸性质之研究法，与木材用途之归类。下篇为各论，说明中国商用木材之大概，及各科属木材之系统研究。篇末为附录，即木材形体学名词汇编、木材解剖术、有关木材研究之文献举隅、有关中国树木分类学之文献举隅、中国林木初选录、静生生物调查所已收集之中外木材名录。书成之后，系胡先骕向中基会编译委员会申请，获得资助。中基会下设编译委员会，该委员会由胡适主持。因胡适具有文学、社会科学之背景，多资助这类学科书籍翻译出版，且予以高额稿酬。熊式一时译英国戏剧，胡适向其约稿。1985年熊式一回忆云："胡适之先生主持中华文化基金会，以退回庚子赔款津贴出版翻译，他说他们的稿费比商务高很多，而且可以把巴雷的剧本全部出版，故我把十几本稿本都送给他去看。"其后虽然没有出版，胡适先付给熊式一几千元，熊式一想，这几千元可以支持其赴国外去镀一镀金。② 熊式一译稿共百万字，即可得预付稿酬几千元，可供其在国外生活几年，想必唐燿所得也不菲。今不知胡先骕如何申请，稿酬几何？胡先骕对唐燿之工作，予以肯定，为之作序云：

图2-6
唐燿著
《木材学》

① 唐燿：中国木材问题，《科学的中国》1933年第4期。

② 熊式一：《八十回忆》，海豚出版社，2010年。

唐君燿，自民国二十年，即锐意于中国木材之研究。四年以来，筚路蓝缕，举凡典籍材料之搜罗，均已蔚然可观。其在本所用英文发表之论文（多篇），在任何文字中，中国木材之有大规模科学的研究，实以此为嚆矢。以是世界上之以木材为专门研究之学者，均极赞许之。

余鉴于斯学在中国之重要，嘱其先编著《中国木材学》一书，以供国内林学家工程家之参考；唐君欣然承诺，出其余暇，汇作今帙，费时年余，初稿始成。与其已发表之英文专刊较，除增加通论一篇及何种显微镜下之构造外，复增加木材之记载一百属，计一百余种。此等部分，均为原始的研究，非与寻常之编纂可比。此书全体，都均四十万言，分为两篇，篇又各分上下。……其各论之个别记载，虽因材料及时间之关系，尚有待于异日之修正；但特此以为研究中国木材学之张本，不可谓非中国科学界之一盛事也。余既为校阅一过，并乐于介绍于国人。①

《中国木材学》乃是唐燿四年半研究工作之总结，如此业绩令人称道。唐燿还乐于将自己研究成果普及化，受报刊之约撰写通俗文章。除在北平《世界日报》及上海《科学》杂志发表相关文章外，还在天津《河北第一博物院画报》连载“中国木材图”。开篇唐燿云：“河北第一博物院李君贯三，见中国木材在中

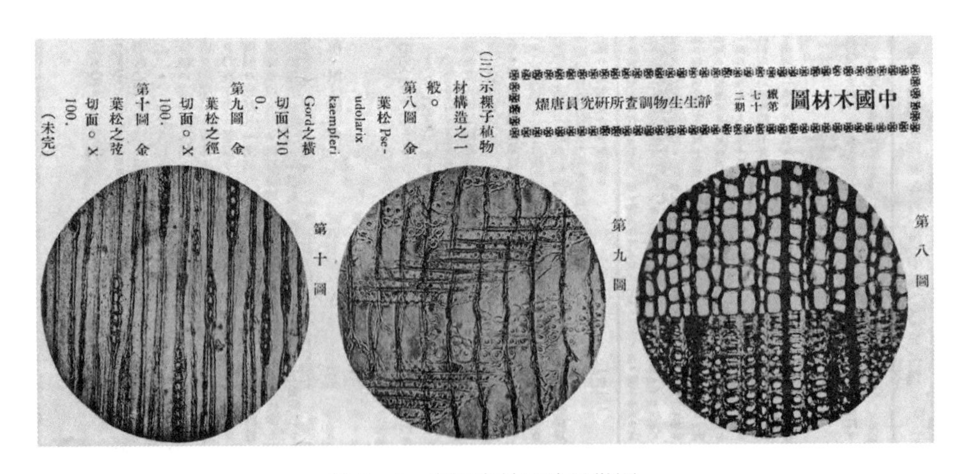

图 2-7　中国木材切片显微图

① 胡先骕：序中国木材学，唐燿：《中国木材学》，商务印书馆，1934 年。

国之有科学的系统之研究者，尚以此为嚆矢。欲将其显微镜照相图刊布，以饷一般之读者，余乐从之。乃就中国木材图例，如表示导管孔之分布者，木薄膜细胞之排列者，髓线之粗细等机构之模式，择尤刊载。”每期刊载一种木材，三种不同切面之图片；或一期三种木材，每种一图，共刊载 9 期。该刊印刷精美，图像清晰，此录其中一期所载，以见一斑。

唐燿在中国开辟一新的木材学科，可谓独树一帜。1933 年唐燿被选为世界木材解剖学会(IAWA)会员，由此更加强其与世界各国木材学家的联系。

四、唐燿出国留学与考察

唐燿在东南大学就学时，已有出国留学之愿望，本书前已有述。进入静生所后，也在谋求出国机会，以求深造，在与美国耶鲁大学雷高德取得通讯联系，除请教学术问题外，还建立友谊，几年之后，或者是唐燿提出赴美，投奔其门下，深造木材解剖，得到同意。雷高德(Samuel James Record 1888—1945 年)，美国植物学家，在木材研究中发挥了重要作用。出生于印第安纳州，1903 年毕业于瓦巴什学院，并于 1905 年获得耶鲁大学林业硕士学位。在美国森林局工作五年，于 1910 年加入耶鲁大学林业学院。与此同时，唐燿还与纽约林校之孛朗(H. P. Brown)联系，以跟随其研究木材应用，也得到同意。唐燿之志愿，不仅对其本人学问之深造大有裨益，对静生所木材研究事业之拓展也具积极意义。秉志、胡先骕乃为之寻找机会。1935 年经他们推荐，唐燿获得美国洛氏基金会资助，得以赴美。是年 8 月 19 日，唐燿在上海动身前一日，《申报》发表“唐曙东明日赴美”消息，摘录如次：

图 2-8 唐燿导师雷高德

(唐燿)贡献于中国林业工程者至大，本年春，中国科学社生物研究所所长秉农山博士及静生生物调查所所长胡步曾博士之介绍，声请洛氏基金会奖金，由该会副主席东亚部主任甘氏，亲加考查，认为满意，正式允助唐氏赴美，继续研究。闻唐君已将研究材料数百件寄往美国，各事亦将摒挡就绪，定于八月二十日由沪首途。唐氏拟追随纽约西来可斯大学研究

> 印度木材之专家孛朗氏研究中国商用木材及木材力学干燥防腐等应用方面，及耶鲁大学雷高德教授，研究木材解剖，并拟往欧美各大木材试验室，考察有关木材研究之现况。闻尤注意于木材在航空上之应用，预卜将来学成归国，对于吾国木材之科学得研究，不难放一异彩也。①

临行前，胡先骕嘱其在国外留意收集木材学文献资料和木材实验仪器等，并考察欧美与木材相关之机构，为日后静生所开展这类研究有所借鉴和参考。唐燿于晚年，尚记得与胡先骕告别情形，其回忆云："我离开北平向所长辞行时，我还记得他很高兴的对我说：当他四年前邀请我开始研究中国木材学时，原是抱着尝试的态度，不期数年间即在国内开始的中国木材解剖研究。"②胡先骕的欣慰，实乃宗师风范。

唐燿在国外共有四年，可分二段，前一段三年主要在美国耶鲁大学研究院，在雷高德指导下从事金缕梅科木材系统解剖学研究。这期间木材切片和

图2-9 美国耶鲁大学图书馆藏唐燿博士论文

图2-10 唐燿获得博士学位留影

① 唐曙东明日赴美，《申报》，1935年8月19日。
② 唐燿：木材学研究五十年，自印本，1983年。

显微照相，由常永桢担任。常永桢后来回国，在中科院植物所任技术员，也从事这类工作。唐燿除从事木材解剖学之外，还学习森林利用学和植物学有关课程，1938 年秋被授予哲学博士学位，其博士论文名为《金缕梅科木材之系统解剖》（英文），该论文在唐燿回国后也在《静生生物调查所汇报》一九四三年新一卷一号刊出论文摘要。金缕梅科植物，主产东亚，共约 100 种，中国所产约 40 种，隶于 14 属。其中 *Sinowllsonia* 及 *fortunearia* 为中国特产，该科分类及其系统位置争议颇多。唐燿之研究，以该科之木材构造，厘定各属之亲缘关系。其论文之总结云：

> 本文旨在通过对金缕梅科及其相关科的次生木质部进行关键研究，以确定其在多大程度上有助于消除金缕梅科分类学中存在的不确定性。研究发现，金缕梅科木材解剖学结果表明该科是一个原始且统一的群体。关于金缕梅科在植物分类自然系统中的系统发育地位，该科与原始被子植物有关。对于金缕梅科和金缕梅目的划分，总体上看木材构造特征与哈钦松（Hutchinson）分类系统一致。
>
> 对于金缕梅科科内分类方面而言，基于木材解剖学的分类与任何一个分类系统所提出的分支或子分支都没有完全明确的对应关系。但是系统的木材解剖学研究结果明确支持了赖因施（Reinsch）基于花药开裂方式对金缕梅亚科的主要划分。①

唐燿获得博士学位之后，即赴欧洲考察木材相关学术机构，了解各机构如何组织、研究项目和研究成果一年。其实，在第一阶段期间，唐燿即已利用 1937 年之暑假，访问了美国及加拿大林产研究所（Forest Products Laboratory）。1939 年唐燿回国，开展木材学研究，主持木材试验室，即以该所为蓝本，并于 1941 年发表《记美国林产研究所》一文，即是其此时考察之结果。此录文中之概况部分，其云：

> 一、导言：美国林产研究所，以增进木材及其他林产之利用为目的，

① Yao Tang 著；殷亚方、魏裕沛译：Systematic Anatomy of the Woods of the Hamamelidaceae，第 39 页。

在世界各国中，其成立为最早，规模亦最宏大。余于一九三七年夏，留该所三月，尽力之所及，详加考察。主要目的，在研究其各部门工作概况，搜集有关之典献，并参观各项设备，以备国人之参考。该所系美国国家唯一之机关，专门研究森林产物之利用。正式成立于一九一〇年。名称为 Forest Products Laboratory 隶农部森林司之研究组，位于威斯康星州麦德生城(Madison)，自成立迄今，一贯与该州州立大学合作，成绩斐然于世。

二、工作方针：1. 使林产有更经济更有效之应用；2. 减少伐木制材与应用上之浪费；3. 使木材之使用期间增加；4. 研究林产物之新用途。至于研究之对象，包括与木材有关之一切问题，如防腐、干燥、力学、化学、造纸等项目。

三、建筑：该所现有建筑，系完成于一九三二年，合一部分之设备，共费 1 500.000 美金，由政府特拨，占地约十亩，由州政府所捐助。其地距城市稍远，可俯瞰全城，风景优美，全建筑为 U 字形，除地下层外，共五楼，面积共有十七万五千余方尺。第一层之左翼为纸料、造纸组；右翼为木材力学组、干燥组、木材厂及锯木厂。盖此等试验室及厂屋，具有笨重机器。各层走廊上及试验室四壁，多悬挂图表及照片。室内装修，第四层为桦木及枫香，第三层为栗木，第二层为青冈，以供观摩。主建筑外，有木材储藏棚二，薄木制造厂一，新式木建筑等。该所自备电力、热力、调温、空气加压等厂。试验室之设备，足可将木段制成试验样品，并进行各项试验及研究。

四、人员及经费：工作人员，可大别为两类：一为技术专家，有正副两种，均为大学毕业生，习工程、化工及森林者，约各占三分之一；二为助手、技工、书记、杂工等，两者合计在三百人上下。研究工作，分为八组，各有主任一人，全所有所长一人，研究主任一人，佐理所长审核各项研究。事务方面，有对外关系组、图书组(包括文书)、工程组(处理木工厂，锯木厂，金工厂，发电厂，调温厂等日常之工程及管理)、照相组、供应组、人事组等，均受事务主任指导，处理日常事务。会计则系独立，直隶华盛顿。全年经常费，就一九三七年言，除印刷外，合计约六十万美金，其中薪给费约占五十一万元，设备费约九万元，后者占该年经常费 15%。①

① 唐燿：纪美国林产研究所，《经济部中央工业试验所木材试验室特刊》第十六号，1941 年。

图 2-11　建于 1932 年美国林产研究所森林产品实验室

唐燿考察美国林产研究所如同此前秉志在美国考察费城韦斯特生物与解剖研究所一样，意在回国之后开创一所类似之研究所，即后来之中国科学社生物研究所，而此后成立之静生所亦按此模式而运行管理。唐燿考察所得观感，在其尚在国外时，一定在呈胡先骕函中言述，使得胡先骕感到如此规模之木材研究，不是静生所所能建立起来，促使胡先骕与中央工业试验所合作，此系后话，留待下章再叙。

洛氏基金会资助甚丰厚，除供唐燿在美生活开支和其家人在国内生活津贴外，还有余资，供其外出考察和购买书籍、刊物和一部分设备。但洛氏基金会资助仅两年，又经秉志、胡先骕向中基会申请，获得二年乙种科学补助金，得以完成访学考察，并继续搜集资料等。

复制文献资料，其时照相缩微技术已开始使用，利用此方法，不仅可以节省雇人打字费用，所获得文献量还可大大增加。唐燿如是介绍其获取经过：

> 我记得在加拿大林产研究所访问时，一位研究人员知道我注意搜集文献，并雇打字员抄录，特地向我介绍一种新的方法，即现在已普遍应用

的文献照片(Biofilm)。我回到耶鲁林校,凑巧遇到一位同学,有抄录文献的照相设备,并愿借给我用。这件事对我搜集研究资料给了很大的帮助。我在离开美国前,得到业师雷教授的同意,用小照片抄照的方法,把他三十年来所积累的木材文献及有关学术讨论的信件,都让我全部照了下来,这是多么难能可贵呀!同样,应抄照了业师副教授(George A. Garratt)的一些讲话、刊物和林校图书馆一部分已绝版的木材文献。这项工作获得了不少珍贵资料。①

唐燿获得博士学位后,按预定之计划,转赴欧洲考察。而此时国内抗日战争烽火已遍及大半个中国,唐燿在扬州的家人早已逃到上海,经济上已遇到困难,且兵荒马乱,需要他照料;由于静生所与中央工业试验所已达成合办木材试验室之协议,均希望其早日回国主持创建。北平《世界日报》记者常到静生所采访,此前一年七月即闻悉唐燿即将回国之消息,立即刊载出来,云:"近中央某机关,以我国所产木材极多,关于应用方面殊欠研究,是以凡制造飞机、铁路枕木、与建造所用木材,反而购诸外国,漏卮甚大,拟设立专门机构研究,适闻该所技师唐燿在美国专门研究木材多年,即将返国,特与该所所长胡先骕商酌,合办是项机关,由唐燿主持。闻地址设在庐山,经费则由中央某机关负担,现在磋商数目中。"②这是 1937 年 7 月静生所与中工所初步商讨之结果,再经一年,在唐燿完成学业之前,达成正式协议,而此时庐山也已沦陷,研究地址则随中工所而定;但均在等待唐燿回国。而在美国之唐燿,多方权衡之后,还是决定自美赴欧,按原计划作一年之考察。在中基会档案中,有唐燿自美赴欧前后,致中基会干事长孙洪芬函二通,报告其当时状况,以此可补唐燿在求学期间史料之欠缺,节录如次:

静生胡师允自 7 月份津贴月薪八十元,按月由尊处径送一节,前已蒙尊函允诺,想已嘱会中会计处照办矣。生在耶校各事大致已摒挡就绪,三年来所购索之书籍、刊物大约五大箱,除一小部分带往欧陆外,余均暂存耶校。

① 唐燿:《我从事木材工作五十年》。

② 静生生物调查所将与中央某机关合作研究木材,《世界日报》,1937 年 7 月 21 日。

船期已定八月廿日，由 Sar Hamponfion 登岸，即先赴屋斯福森林研究所。①

耀前奉贵会示知，继续乙种奖学金一年，为完成中国经济木材志之用，并赴欧考察木材研究，耀已于八月廿四日道途由美赴英，当于一日安抵英岸。②

唐燿在欧洲一年，大部分时间住在伦敦郊外英国林产研究所所在的村庄里，除了解该机构情况外，即是搜集文献。唐燿在离开美国时，已自购一套抄照文献照片的设备。利用这套设备，在英国林产所，拍摄四千尺文献，其中包括一些档案资料。诸机构如此慷慨，唐燿甚为感激。1939 年初，唐燿访问牛津大学森林研究所，也拍摄不少文献。唐燿在欧洲之行迹，还是引其《回忆录》所云：

访问过英国林产研究所主管机构“国家科学工业部”，并了解该部领导研究所一些情况；访问木材促进会（Timber Development Associations），了解他们如何联系木材研究机构和工业部门；也曾参观英国专利局，科学图书馆等。（在英国行程结束后），只身经比利时到德、法国等参观，然后经瑞士由意大利启程返国。我于一九三九年七月七日抵香港，结束四年来旅外的生活。

唐燿在离开美国之时，将其在美国所得珍贵之研究材料和设备装成七大箱，寄存在耶鲁大学其导师处，此时中国处于战乱状态，不能贸然寄出，若有遗失，损失大矣。其在英国行程结束前，遂将英国所得装箱，寄往中山大学农林植物所香港办事处蒋英处。中山大学植物所在抗战全面爆发后，自广州迁至香港，寄至此处，则为安全。与此同时，唐燿也请美国师友将其寄存在美物品也寄往香港。

唐燿在未出国之前，向国外索取文献材料，仅是公开出版物。当其在美国访问时，才知道每项研究在开始时，有拟定“工作计划”，在研究过程当中，有一系列“进展报告”，这些均按序号收藏于档案室。唐燿欲看这些报告，则颇费周

① 唐燿致孙洪芬，1938-08，中国第二历史档案馆，484(856).[2].

② 唐燿致孙洪芬，1938-08，中国第二历史档案馆，484(856).

折，经过审批，才看到一部分。在有些机构，即便是参观，也有种种限制。1956年所写之《自传》，对其在国外访学之中这类经历也有记述，今节录如次：

> 1935—1938年，我在欧美用奖学金节余所摄制的小照片七千多尺，购置的照相机、打字机和抄照文献设备的附件、书籍刊物，我在耶鲁研究用的木材切片设备等诸多物品，在我离欧前，分别由美、英、德、法等国用自己的钱运回至当时在香港的中山大学农林所。
>
> 1937年暑天，专程往美国中部及加拿大参观考察木材研究和林产工业，遇到过不少闭门羹，我还记得当我参观杜彭公司的木浆"人造丝"厂，从大门进去，要换两次进出证，才抵厂所。引导的人明白的对我说，他不能回答任何技术上的问题，他们的试验室及某些部门，也不许外人参观。
>
> 我在美国林产研究所时，因为我发出大批函件，接洽参观和咨问设备，雇打字员抄录文献，被疑为"技术侦探"，拆阅我的信件，限制我的行动，这些事使我认识到美国的工业基础，是建筑在竞争的基础上。①

我们知道以上所引唐燿的信函与《自传》分别写于两个不同的时代，在不同的语境之下，所述事理的价值有明显之不同。能在美国留学，无论当时，还是其后，在很长一段期内，都是一件非常有价值之事，不仅可以学到先进的科学文化，掌握真本领，回国之后可为国家建设作出贡献；同时也是改变个人命运，提高学术地位的极好机会，尤其是在民国时期。静生所高级职称技师，只给予有国外留学经历者；而高级职务之薪金则在三百元以上，与中级研究员相差甚大。但是，在价值观念被颠倒的年代，并不这样认为。唐燿去美之前，就与欧美木材学界取得书信联系，免费获得他们赠送的书刊，并结交耶鲁大学教授，后为他的业师雷高德先生，1933年又被其推荐为世界木材解剖学会的会员；去美之后，也获得国外学界之接纳，后来由于唐燿学术成就，于1946年时还被选为世界木材解剖学会的理事。这些便是写作信函时的语境，函文可谓真实地表达了这些。此也是本书作者对当时人士之间来往书信特别重视的原因之一，为收集这些书信，花费再多精力也在所不辞。但是，任何事件都不可能尽善尽美，事事令人愉快，唐燿在国外期间也未能幸免。在1949年后，英美

① 唐燿：自传，中国科学院昆明植物研究所藏唐燿档案。

各国已被认为是社会主义新时代的敌人,使得在英美接受过教育的学者便有了沉重的罪孽感。在思想改造中,不免要拿过去不愉快来说明自己与英美之间是有界限,即以此划清你我,以此融入新社会的话语之中;而且还是发泄自己对过去不愉快的余愤。无论如何,这些不是唐燿四年留学经历的主流,以此涵盖整个留学,则不真实。然而,新的语境却需要如此,为了适应只有着重讲述这些话语。

在《自传》中唐燿还讲到"用自己的钱"寄运静生所的物品,这是因为此时的唐燿被追问是否有贪污行为。我们知道在静生所有这样的传统,以个人的收入常常贴补调查所之用,一来是因为他们认为所中的事业就是自己的事业,二来也是当时他们工资收入甚高。就是因为有甚高收入,被看作有非法所得之嫌,所以唐燿有为之说明之需要。其时,唐燿回国之后,曾向中工所就运费提请补助,得到批准;但此时却没有作完整说明。

今所引唐燿在不同时代的信函和自传,我们可以看到那个时代的中国知识分子所遭受到的磨难。限于本文题旨,此不再赘述。我们今天之所以可以平静地来看待这些,可以认识到本有的真实,可见时代已变迁。历史学研究,即是从真实的史料当中,发掘真实的语话,使之不被时间所淹没,给读者提供借鉴。

DISANZHANG

第三章 中央工业试验所设立木材试验室

工业乃富国之基，而工业乃胚胎于科学研究。世界工业发达国家，其通都大邑，各种试验机构林立，学术人才辈出。民国建制之后，科学研究机构在国内开始设立，在北洋政府时期，农商部继设立地质调查所后，也曾有工业实验所之设立，后因经费拮据，不能振作，终止停办。究其原因，未觅得学术造诣堪深之士主持所政，亦其一因也。1928 年国民政府成立，定都南京，孔祥熙初掌工商部，即呈书中央政府，请设一全国性的工业试验机构。该呈称："窃维工业之振兴，必本于科学，而科学之昌明，尤资于试验，是以世界各国，对于工业之如何改良，商品之如何鉴别，标准之如何规定，以及制造方法之如何检验，盖无一不以科学为基础，更无一不以试验为依据""现在提倡国货风起云涌，工商各界以其出品来部呈请奖励证明者，肩踵相接，自应妥为审核，详加指导，方足以慰喁望而促进行。但国货之真伪，制造之优劣，既非目力所能鉴别亦非徒手所能分析，势不能不借助于精密仪器及纯粹之药品，否则虽有专家亦将束手。"①于此可见工商部筹设中央工业试验所一方面是适应发展工业之需要，另一方面是迫于审核科技发明创造奖励证明之需要。

图 3－1　中央工业试验所在南京所址

1928 年 10 月，工商部遵

① 孔部长第一次呈请国府筹设中央工业试验所文，《中央工业试验所筹备之经过》，工商部中央工业试验所，1930 年 11 月。

令会同铁道部、卫生部共同筹设中央工业试验所。由于各部对设立试验机构的目的、性质和要求不尽相同,会商的结果认为“不便统一设立”,遂告暂停。于是工商部在 1930 年初呈准单独筹设中央工业试验所,事权统一,目的明确,筹设工作得以顺利进行。1930 年 7 月 5 日,中央工业试验所在张泽垚(任筹备主任)、徐善祥、吴承洛、张可治、施川如等人的主持下正式宣告成立。1930 年 12 月,工商、农矿两部合并为实业部,中央工业试验所遂隶于实业部。

图 3-2 顾毓瑔

中央工业试验所成立时,由国民政府拨给法币 19.5 万元作为开办费,并商得财政部同意,将南京水西门旁废弃的金陵造币厂旧址拨给该所作为所址。中央工业试验所遂将旧房予以修葺,还利用造币厂遗留的旧机件,并购置部分新机器及化学仪器,即开始工作。

中工所成立之后,徐善祥兼任所长,然为时未久,后由吴承洛、欧阳仑依次任所长,均为时不久,所长屡经更迭,工作自受影响。1934 年聘顾毓瑔为所长,所长人选才趋于稳定。顾毓瑔(1902—1997 年),字一泉,江苏无锡人。1927 年上海交通大学机械系毕业,1931 年获美国康乃尔大学机械工程博士学位。1931 年任中央大学机械系教授。顾毓瑔执掌中工所长达十二年,还兼任该所机械实验工厂厂长,抗日战争全面爆发后西迁重庆,直至抗战胜利东迁上海之后,顾毓瑔才改任中国纺织公司总经理,离开中工所。顾毓瑔对中工所贡献良多,木材研究当为其重要贡献之一。

一、中工所初期之木材研究

中工所在成立之初,所拟研究所规程,有“关于工业材料之力量考验即应用方法事项”,木材为工业材料之一,即将木材纳入研究对象,但并未聘得人员从事研究。1932 年 1 月吴承洛任所长时,购得材料万能试验机,开始举办材料试验,但也未涉及木材。直到顾毓瑔上任,聘林祖心来所工作,才开始作木材力学试验。此时,研究所分为化学、机械两组,各组设若干试验室,木材试验归于机械组材料试验室。

顾毓琼之所以将木材纳入研究范围，除木材为工程建设重要材料，其时，国内木材多需进口，迫切需要对国产木材材性予以研究，以尽快使用国产木材外；还与顾毓琼留学经历有关，其在 1942 年于乐山木材试验馆所作训词云：

> 八年前在南京时，对于木材试验室的理想与希望，现已逐渐实现。我以前参观了美国的木材试验，得到很多资料，像我这一个机器工程师，对于木材材性之兴趣，却从那时开始。本来在学校里也曾做过材料试验，只不过在学校里有这样功课罢了，并无多大兴趣。那时看见他们的许多工作之后，使我发生很多兴趣，这兴趣增加我对于看材料的方法，同时在兴趣方面也有所转变。在回国主持中央工业试验所后，很想做此项工作，不过觉得自己经验不够，没有早早进行。那时本所材料室有一位法国留学者，勉强做了一些。①

顾毓琼所言聘得一位法国留学者，即林祖心也，其留学地其实在比利时，并不在法国。林祖心(1905—1971 年)，福建福州人。留学比利时沙城大学，习航空机械，回国后在南京国民政府实业部任技师兼任中央工业试验所材料试验室主任。据《国民政府公报》第 1315 号(1934 年 6 月 25 日)，“令行政院：呈据实业部呈为该部技士宋彭年另有任用，请予免职，遗缺拟以林祖心继任等情”，可知其入中工所在 1934 年 6 月。中工所技术职称由高到低，分为技正、技士、助理员、练习生等。

林祖心主持工作一年后，1935 年 10 月出版之《中国实业杂志》载《实业部中国工业试验所之沿革及概况》一文，其中对材料试验室工作有如下介绍：

> 材料强弱之试验，对于国产建筑，及机械材料前途关系至巨。本所有鉴于斯，经多方筹措，购到瑞士制奥斯材料强弱试验机一部，及其他一切附属零件。此机能以试验材料之拉力、压力、横折力、弯曲力，且具有特别装置，亦能用以试验材料之剪力，硬度及张力等，除一方面规定试验法规与截取样品方法，及自行搜集材料，加以研究外，并与政府工作机关接洽，代为试验，同时通告各厂家商会，将其所有材料，送所试验。

① 顾毓琼：训词，四川省档案馆藏中央工业试验所木材试验室档案，160(7)。

送来请为试验建筑材料多种多样，其中木材有南京市工务局委托试验东湖广木、广州木、江西木、安徽木、株木、水花木、白杨木等；木业同业工会及其他各处陆续送检之柚木、红松、麻栗、杉木、柳安、白果、红木、栗木、美松、梨木等。由此可知林祖心开展之试验甚为简单，拥有一台试验机，送来什么材料即测试什么，机器得出数据，记录下来即是。这些试验木材名称，也许是提供者所写，很不规范，究竟是何种植物，则不深究，既而失去普遍性。但林祖心工作具有开创性，开启官办机构进行木材材性规范化测试，积累经验与数据；各方积极送检，也说明木业兴盛，而检测数据已运用于木材使用中。

1934 年顾毓瑔主政后，木材试验工作有所深入。1935 年林祖心所发表研究报告①，也仅是介绍其试验方法和注意事项。至 1936 年 1 月顾毓瑔来所已是一年有半，其对此一年有半之试验所工作，作全面总结，言及材料试验，当务之急是制定统一标准。只有统一标准，测试结果才有意义。其云：

> 我国各地各试验机关，向无联络，其试验方法及标准，分别采自欧美各国，故彼此略有不同，以致所得结果，各有差异，而请求者，乃无所适从。本所鉴于一国之内，对于同一事件，因方法及标准不同，致意见分歧，殊属不便，故着手草拟材料试验方法及标准法规多种，其中木材一项，业已脱稿，正式分寄各试验机关，及各工科大学，征求意见，俟各无异议之后，拟即正式实行公守公用，其余各种材料之试验方法及标准，亦将次脱稿。②

中工所制定木材试验标准，是基于其已做试验所得数据。其时，国内已有一些机构开始做类似试验，但未有类似中工所之试验机，故中工所可以将其试验所得定为标准。关于木材之试验，顾毓瑔之报告还言：

> 木材为工程上重要材料之一，据海关统计，在最近六年间，木材入超，平均每年约增六千余万两，由此可证漏卮之巨。苟国产木材，再不加以研究，设法振兴，则将不堪设想。最近行政院曾有通令，对于营造方面，规定

① 林祖心、袁铁群：中国木材之强弱试验——实业部中央工业试验所报告之一，《中国实业杂志》1935 年第 5 期。

② 顾毓瑔：《一年半以来之中央工业试验所》，实业部中央工业试验所印行，1936 年，第 34 页。

> 应先采用国产木材，但国产木材之性质，向来鲜加探讨，对于各种强力及比重等之记载，均付缺如。工程上计算，既无从根据，遂使采买者无由定其取舍，而标准化之外货木材，仍充塞市场矣。本所有鉴于此，觉国产木材，有系统之试验，实为刻不容缓之举，因是除接受外界请求予以试验外，复自行搜集各种木材，并通函各产木区域，征求材料，拟一一予以试验，制成有系统之报告，备采购者之参考。但产木区域，多离京甚远，因交通不便，而运输甚难，乃不能不取分工合作办法，请由各省试验机关及工科大学，照订定之试验方法及标准，就近搜集样品，予以试验。试验后各将结果缮寄本所，然后编列报告，公诸社会，使采购者，对于国产木材，有深切之认识，而打破惟有外货是赖之前习，各试验机关及各工科大学，多已函复表示赞同。此项计划，不久当可实现。①

为求数据一致，中工所制定表格，向各参与测试机构发放，试验项目有含水量、比重、抗折力、抗压力、抗拉力、抗剪力等，所用木材除商家送检外，也自行搜集。对木材名称稍加注意，如马尾松、扁柏、樟树、槭树等。

试验设计与汇总，当由林祖心负责；但是，林祖心之于木材试验并没有做下去，也许其所学专业为航空制造，与木材相隔太远。林祖心于1936年即离开中工所，顾毓瑔对其甚不满意，云："那时本所材料室有一位法国留学者，勉强做了一些，但结果不甚圆满，还是觉得能力不够。"②林祖心后任中央陆军军官学校（其前身为著名的黄埔军校）特别训练班交通教官，1942年初任卡拉奇专员，参与闻名于世的中印空中航线"驼峰航线"；1958年被任命为福建省交通厅科学研究所（即福建省交通科学技术研究所前身）所长，终与木材无缘。

二、中工所与静生所合作进行木材研究

木材学研究，对于中工所而言是其研究内容之一，但未觅得适当专家从事，当林祖心离去，即为停顿；对于静生所而言，仅有树木种类鉴定和木材解剖尚属植物学研究范畴，而木材物理性质、防腐化学等试验，则有所超出，力所不

① 顾毓瑔：《一年半以来之中央工业试验所》，实业部中央工业试验所印行，1936年，第35页。
② 顾毓瑔：训词。

及。当唐燿将其在美欧考察所得，向所长胡先骕呈函禀报后，胡先骕即寻找合作机构，共同研究。

胡先骕与顾毓瑔之交往不知始于何时，未曾见到彼此来往函件。但从胡先骕、顾毓瑔各自对中国木材学论述，有相同之处。不仅如此，1936 年 8 月胡先骕在清华大学召开之中国科学社年会上发表《中国科学发达之展望》演讲，不少期刊为之转载，中工所主办刊物《工业中心》在是年 10 月号也为之转载，且置于首篇，至少说明胡先骕关于中国科学之言论，也得顾毓瑔之认同。或者即在此前后，双方达成合办之意向。顾毓瑔还与唐燿取得通讯联系。1942 年顾毓瑔在乐山木材试验馆所作之《训词》，对合作之缘起有言：

> 有一次在南京胡步曾先生和我谈起这方面工作，他的意思预备把静生生物调查所木材的部分和本所合作，使研究木材的人与我们这里研究工程的人联系起来，就是他们以研究植物的方法研究木材，我们就物理范围研究木材，同时并进。当时我就认为只要人的问题有办法，很可以进行。胡先生就说前在静生生物调查所主持研究木材的唐燿先生尚在美国继续研究，不久可返国担任其事，并表示静生方面还有许多地方可以帮助。那时我就希望唐先生回来正式开始。所以战前，就与唐先生函件来往几次。①

其时，胡先骕经常往南京出席中央研究院会议，想必会议期间，与顾毓瑔谈起木材研究，两人一拍即合，共同期待唐燿回国主持。是年顾毓瑔作《一九三七年中工所之计划》，想必其中木材试验项目，为顾毓瑔所拟。现将该项目列出，以见顾毓瑔欲开展研究之具体内容。

> 一、依照植物分类研究中国各种木材之物理性质：木材之颜色、木材之嗅气、木材之味、木材之光泽、木材之传声能力、木材之传热传电能力、木材之收缩及膨胀、木材之重量。
>
> 二、依照植物分类研究中国各种木材之力学性质：木材之曲力、木材之压力及应压力、木材之坚性、木材之硬度、木材之耐震动、木材之剪力、

① 顾毓瑔：训词。

木材之可劈性、木材之应扭力、木材之疲劳、木材之食水分与力学性质、木材之负荷之时间与力学关系、木材之缺点与力学性质之关系。

三、木材处理之研究：木材之干燥方法之研究、各种木材适应各种用途，其锯截之尺寸大小及分级、木材之耐燥耐湿耐腐之研究、木材之防腐防虫处理之研究、木材之锯平刨转刨等性质之研究、木材与油漆之关系。

四、木材之制品及装配方式之研究：木材之适用于各种用途之研究（如电杆地板建筑材料箱匣等）、木箱木筒之制法及其载重之能力、木材接连方式之研究及用钉子螺丝等之研究、木材制造各种机器设备及零件、木材制品接榫构造之研究、木材夹板制造及各项制品之研究。①

该计划还列举竹材之研究及试验，其内容与木材大致相同，此不具录。仅以可说明顾毓瑔对木材研究内容之认知尚有限，其后唐燿主持木材试验室，所开展之项目比此宽泛，如对木材资源之考察，且为日后主要研究内容之一，但此并未列入。该计划还列经费预算一项，设备费 6.6 万元、设备安装及试验室之建筑 0.9 万元、购置材料药品 0.3 万元，合计 7.8 万元。这是一笔巨资，依笔者所知，其时静生所有员工五十余人，年经费也仅此数，再次说明唐燿若依附静生所，势难扩大其研究。不过此项计划实业部并没有批复执行，盖唐燿尚不能立即回国是也。

本书上一章曾言及 1937 年 7 月北平《世界日报》对两家合作意向之报道，应是双方再次商洽之结果。当唐燿获悉合作进展顺畅，仍没有立即回国，而是继续预定行程，赴欧洲考察一年。此亦获得胡先骕、顾毓瑔共同认可。顾毓瑔云，曾嘱唐燿赴欧洲考察，即可说明；其后，中工所曾为唐燿申请赴欧考察经费。

然而 1937 年“七七事变”之后，抗日战争全面爆发，中工所在南京维持至是年 11 月，乃获得西迁指令。在顾毓瑔主持下，西迁至重庆北碚。西迁之后，顾毓瑔对中工所办所方针、研究任务以及计划、规章之类均重新予以拟定。其研究任务归纳为：① 研究工业原料，供中国工业自给化；② 改进工业技术，供中国工业现代化；③ 检验工业成品，供中国工业标准化。为达到上项三种任务，规定下列三种步骤：①“研究与试验”，根据科学原理、工程方法，对于中国工业上所发生之各项原料、技术、制品等问题，加以研究与试验，以期得一解决

① 顾毓瑔：一九三七年中央工业试验之计划，中国第二历史档案馆藏实业部档案，四二二(2693).

之途径。②“改良与适应”，根据各种基本研究与实验所得之结果，作工厂式实验与适应，使试验室内所得之结果成为工厂工作之准备。③“推广与服务”，根据所得之基本数字及张本，推广至各项工业，使之采用，并为工业技术上之服务。①

实业部于 1938 年 2 月改组为经济部，中工所奉命改隶于经济部。根据现行之组织条例，设酿造、纤维、胶体、油脂、制糖、盐碱、化学分析、纺织印染、材料、动力及电气等十一个试验室。抗战爆发之后，除赓续原有工作外，侧重于军需工业品之研究与制造。中工所迁川以来，还鉴于西南各省为后方工业建设之重心，原有工业，虽已初具规模，而技术尚待改进。是以入川伊始，中工所对于西南工业既着手研究改良，然后力图推广实施，使后方原有之工业，得以改进，新兴者，得以建设，同时与后方研究机关、制造工厂，取得合作关系，以收宏效。

木材研究纳入材料试验室中，唐燿虽未回国，顾毓琇已聘其为材料试验室主任。1938 年 5 月 10 日，顾毓琇呈经济部之函云：

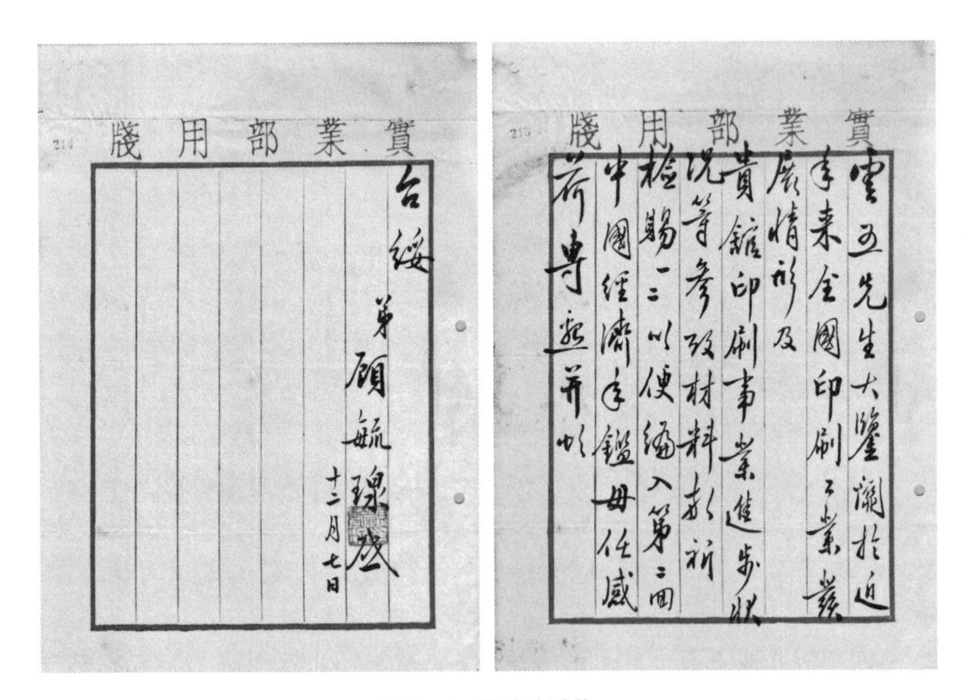
實業部用牋

雲五先生大鑒：擬於近年來全國印刷工業發展情形及貴館印刷事業進步狀況等參攷材料，敬祈檢賜一二，以便編入第二回中國經濟年鑑，毋任感荷。耑此並頌

實業部用牋

台綏

弟顧毓琇

十二月七日

图 3-3 顾毓琇手札

① 《经济部中央工业试验所工作概况》，1942 年。

窃查本所以往对于材料试验工作曾已着手进行，并与北平静生生物调查所取得密切合作关系，该所供给中国木材之植物学分类标准作本所木材强弱试验之根据，该所研究员唐燿先后曾得洛氏基金及中华教育文化基金会之奖金，前赴美入耶鲁大学专攻材料学，本所亦与其取得联络，介绍前往美国木材研究所调查，并征集各项试验报告。现唐君已得耶鲁大学博士学位，正由本所备函介绍，前赴英国参观 The forest products research laboratory 及 Imperial forestry institute oxford university，法国参观 comite nationa loniaux 及其他欧洲国家参观各国之林业木材研究所及林产试验所等处，藉资参证，一俟竣事，即可首途回国。关于其回国后在何处研究问题，已曾与静生生物调查所胡先骕所长商得结果，植物学部分仍由该所负责，木材性质强弱研究，由本所负责进行，前于二十六年度本所扩充计划中，曾列有详细计划送呈前实业部鉴核，并承吴前部长命饬提前办理各在案。故唐君返国后，经已商定前来本所充任技正。此次奉颁新组织规程，中所有材料试验室一项，即拟由该员兼任主任，惟在该员尚未返国以前，材料试验室拟由本所荐任技士李汉超代理。以上各情，理合备文呈报鉴核，敬祈赐准照办，实为公便。

此谨呈部长、次长

经济部中央工业试验所所长顾毓瑔谨呈①

顾毓瑔不仅聘任唐燿为材料试验室主任，还为其配备二名新入所之大学毕业生为唐燿助手，并开始搜集木材。在唐燿尚未回国之时，顾毓瑔作《抗战以来中央工业试验所工作报告》，对于木材试验有如下记载：

本所木材试验，业已进行多年，因与北平静生生物调查所有合作关系，乃聘该所研究员唐燿为本所技正兼材料试验室主任。唐君系受中华文化教育基金会之奖金，资助赴美，入耶鲁大学，专攻木材学，已得有博士学位，现正由本所派赴英德法及其他欧洲国家之有关木材试验与研究机关，参观调查，所得甚多，并分征有关之重要参考材料照片及文献甚多，以供返国来所进行试验室参考张本。关于木材试验工作计划，除对于一般

① 台北“中央研究院”近代史研究所档案馆藏经济部档案。

> 木材之性质及处理方法等等，分别加以研究外，关于航空飞机及其军用器具之木材，亦拟加以试验与研究，以期有助于国防工业。唐技正约于秋后返国，目前本所正向西南各省征集各种木材，已到之木样有西康九龙、泸定等处所出之云杉、铁杉等，其余亦正在搜集中，以供分析与试验之用。①

至于中工所与静生所合作方式，在各处所藏相关档案中，均未见到协议文本，抑或是口头协议，也未尝没有可能。不过从此后史料来看，静生所一直支付唐燿部分薪金，静生所所藏木材标本及木材学文献，在唐燿赴重庆后，均设法运至。唐燿在处理有关事务时，还请胡先骕出面解决。所以胡先骕一直也认为，木材试验室属于两所之合作事业，唐燿有时也在木材试验室出版物上，于木材试验室之前署上两所之名，以示合办之意。诸如此类，或在往后记述之中，还有涉及。

三、在重庆北碚筹组木材试验室

唐燿于1939年秋由欧返国，先抵上海，探视家人，再经海防、昆明，于9月22日乘飞机抵重庆，以赴中央工业试验所顾毓瑔之约，筹组木材试验室。在昆明唐燿往黑龙潭云南农林植物研究所拜谒胡先骕，并与在农林所前静生所同仁们相聚。

图3-4 唐燿

唐燿到达重庆之前，中工所将木材研究纳入材料试验室中，并任唐燿为室主任。唐燿抵达重庆之后，以计划中的木材试验内容丰富，要求单独成立试验室，与材料试验室平行，得到所长顾毓瑔之同意。即名之为“中央工业试验所木材试验室”，英文写作Forest Product Laboratory。

其实在唐燿知识结构中，木材研究应归于森林研究所中，认为森林研究所主旨在造林和利用两方面，木材学属于森林利用范畴。然而中国尚未有森林研

① 顾毓瑔：《抗战以来中央工业试验所工作报告》(1937.7—1939.4)，经济部中央工业试验所，1939年5月1日。

究所，故唐燿在报端发文，遍数世界先进诸国均设有森林研究所，意在呼吁中国政府也成立类似机构，“为吾国林业前途计，苟不谈中国林业则已，否则，亟宜筹划巨款，创立国立森林研究所，罗致国内专家，树立森林基础，并扩大中国林业教育不为功。余忆读一外国森林杂志，谓世界仅中国无林业。余深怒其出言之不逊，而亦无辞以辩，愿我国人，深自警惕，争雪此耻也。”①或者唐燿回国未久，好发惊人之论。然而仅就木材试验室之如何建设，唐燿又为之撰写《设立中国木材试验室刍议》，该文最后之“结论”云：

> 木材试验室之目的：主在(1) 试验吾国主要林木构造上、施工上、物理力学上、干燥上、抗腐上等之性质；(2) 调查已往木材制造上、处理上及应用上之惯例，并改良之；(3) 介绍木材新知识，辅助并促进新式有关木材工业之建树，以期在抗战期中，筹划有关军事上、交通上涉及木材上各问题，并为战后建设上之预备，解决木材原料之一切问题，为完成此目的，宜先促进吾国林业及木业调查，厘定商用材之种类及其名称，更须于最近将来扩充设备，设立一模式锯木工厂，木工厂、刀锯修理厂、木材物理及力学性试验室、模式木材干燥厂、模式加压防腐场、木材干馏厂、薄木制造厂、胶之试验室及木材构造试验室等，以资为各方效力。
>
> 此种事业之各方面，不特在吾国为草创，即世界最老之木材研究所，亦不过三十年之历史，然因其具生产性，故各国政府无不加意促进之。默察欧美各邦人士，靡不注意实际问题，以是物质进步，一日千里。吾国受教育者，多与社会隔绝，一般工匠，迫于衣食，默默守陈法，无由改进其技术，是生产落后，为改弦更张计，诚宜就一切实用问题，利用科学知识，使之深入民间，中国木材利用之科学化，即其一例。②

这是唐燿在美欧留学考察之后，结合中国实际情形，得出在中国设置其理想中的木材研究所之内容。既有试验室之研究，还有野外树木资源调查，既有对传统木制业传承，也有开拓新的工艺。但是，理想终归是理想，使之变为现实，还需艰苦卓越之努力，故唐燿在另处发出呼吁，请社会各界予以理解和支持：

---

① 唐燿：论吾国森林研究应有之动向，《时事新报》1940 年 6 月 13 日。

② 《科学》第 24 卷第 4 期，1940 年。

> 本所顾所长为工业界领袖之一，创办此国家性木材研究试验之中心机构，以应各方之需要。……所期当国领袖、实业先进，深体此项工作之艰巨及重要，对本所木材试验室，更加意辅育而督导之，俾其滋长完成。鄙意倘能就有关木材研究试验之问题，集中工作，其收效必更显著。此项原则，实为本所所长庆祷，期望有关当局所赞助者。①

唐燿开始视事之初，虽已感知木材试验室在经费、人才、设备，甚至在人事上，有种种不尽人意之处，但其怀着学术理想回国，开创中国木材学事业，1940 年 3 月写出《中国林产试验馆计划书草案》，道出其理想中木材研究所之架构。唐燿在美欧考察各研究机构，各研究机构之管理模式，经费来源、人员配置等，均留意观察，以资借鉴。所写《记美国林产研究所》一文，将该所历史、组织结构、人员、经费、建筑、研究内容等一一罗列，即可见其留意之所在。如何组织中国木材研究，唐燿依据美国林产研究所，并借鉴其他机构，设想其机构内部设置如下：

一、秘书室：文书组、人事组、出纳组；

二、事物部：会计组、庶务组、出版组、图书组、照相组、绘图组、调查组、采集组；

三、研究部：生物组：造林关系系、木材病害系、木材虫害系；

木材物理及力学组：木材物理系、木材力学试验系、木材干燥及水分控制系；

木材化学组：木材化学及利用系、木材防腐系；

木材机械组：木材工作系、木材锯木系、木材机械设计系；

四、推广部：木材陈列系、木材利用及推广系。

机构内部组织如此设置，但唐燿未列举编制人数，但对研究部人员，有一最低限度在 56 人，年薪给 8 万元，其他人员年薪给 6 万元；机构之建筑则有试验室、工厂、办公室、储藏室及职员宿舍等；建筑费 15 万元；各类仪器设备费 30 万元，图书费 3 万元。即开办费共计 62 万元。如此巨款，肯定难以筹得。

不能创建一个组织完备之木材研究机构，退而求其次，唐燿欲将国内各部门研究木材力量集合于一体，其言：

---

① 唐燿：木材试验室概况，《工业中心》第 10 卷第 1/2 期，1942 年。

> 该项事业之范围广大，且相互关联，为求各方取得联络，并节省人力、物力起见，宜就利用木材，或须研究木材之各机关，譬如农林部中林所之造林系，交通部之于木材防腐、航空委员会之于木材飞机，兵工署之于木材干燥及枪柄等问题，木业公司之于伐木锯木等，各以相当经费，充实中央工业试验所研究木材之机构，并合组一委员会，共策此项事业之进行，实为最经济、最合理、最易见成效之办法。①

唐燿之倡议自然没有响应，其无行政权力，也不具学术权威，无力合组统一机构。1940 年 2 月唐燿赴重庆、成都，为试验室解决一系列问题，其中一项即为走访从事木材研究之机构，谋求合作之可能性。其于半年之后云："此行谋与合作方面，和兵工、交通、航空等，在当时虽谈论颇恰，满怀希望，但迄今则颇少能见诸事实者。"②由此可知唐燿影响力有限，又何谈整合中国整个木材学研究耶？

上为唐燿对木材学科在中国宏观发展之论述，此再记录唐燿开创木材试验室之具体细节。在唐燿抵达重庆之前，顾毓瑔已为其配备二名助理员，准备开展木材力学和木材干燥试验。中工所原在南京时，各项仪器设备已不敷应用，西迁限于交通运输导致一般设备随南京而沦陷；故到重庆后，益觉设备缺乏。1939 年 3 月向经济部申请设备经费 24.8 万元，其中于木材试验的仪器有：木材干燥室设备全套、木材地板耐擦试验机一套、撞力试验机一部。待唐燿到所之时，试验室房屋已建成，但干燥试验等设备并未到位。

由于唐燿出国日久，且考察欧美研究机构，以为中工所为国家工业试验中心，规模一定不小，工程师一定甚多，在此学术环境之中，木材应用研究依托于所，当得到各种支持。因木材研究所涉及学科甚多，遇见某类问题，中工所有相关工程师可帮助解决；但唐燿到所目睹所况，不免令其失望，不仅设备简陋，人才也缺乏。木材研究均需从头做起，各类研究人才只能自己培养。

---

① 唐燿：中国林产试验馆计划书草案，《经济部中央工业试验所木材试验室特刊》第四号，1940 年 4 月。

② 唐燿：木材试验室三十年上半年及上半年工作总报告，1941 年 8 月，中国第二历史档案馆藏经济部档案，二三(1964)。

> 我在北碚期间，顾毓瑔所长的热忱，配备两位机械工程系毕业的大学生，准备进行木材力学试验和木材人工干燥的研究。这在国内也算得是创举。我来到四川，虽然随身仅带了一个手提箱，带有制造木材力学试验各附件和木材人工干燥车间等全套蓝图(Blue Prints)，也算是我从事主办木材试验从培养专业人员的一个良好开端。①

木材研究首先开始力学试验和干燥试验，虽然为顾毓瑔主张，但经过唐燿同意，所以其只身来重庆，随身所带材料，即是此两方面材料。在力学试验伊始，当采用国外新技术，先从基本方法入手，唐燿为之编写《木材之力学试验》《木材力学试验指导》及《影响木材力学试验诸因子》等文，编制木材力学试验草案，依照国外力学试验标准，各项试验表格及设计试验装置。其中机械装置，请中工所机械厂制造。唐燿言其主持之试验属于"创举"，此前已有多家机构所作木材力学试验，在唐燿看来均不得要领，故有此说。顾毓瑔为木材室安排二位助手，不知是否为唐燿所赞同。其一系陈学俊，其后来回忆录云："1939

① 唐燿：《我从事木材科研工作的回忆》，中国科学院昆明植物研究所印行，1983 年，第 13 页。

图 3－5　位于重庆南岸新力村南山路经济部中央工业实验所旧址

年 9 月，由学校分配我到重庆经济部中央工业试验所工作，所长顾毓瑔，也是我的老师，他是中大兼职教授。我先是在北碚中工所木材试验室工作，担任强度试验研究，室主任唐燿。1940 年中工所筹备建设机械工厂，我调到沙坪坝对岸该厂工作。"[①]陈学俊（1919—2017 年），安徽滁县人，中央大学毕业。其离开木材试验室原因不明，此后为热力学专家，与木材无关。

顾毓瑔为唐燿开展试验，不仅为之建造房舍，购置设备，招聘助手，还将木材研究单独成立木材试验室，可谓是大力支持。除此之外，10 月，中工所为木材试验室建设向经济部申请临时经费，以应急需；并为唐燿赴欧用费一并申请。呈文摘录如下：

> 材料试验——第一期预定之试验室业已建造完成，木材干燥室亦正着手建筑，此外该室主任唐技正燿自于美国耶鲁大学取得科学博士学位后，奉派赴欧考察，详细情形即经呈报鉴核在案。该员经先后前往德、法、英等国调查参观各国之木材试验与研究机关及出席国际木材利用会议，并征购重要参考图书及珍贵标本等多种。总计留欧八阅月，现已事毕遄返，于九月底来渝到所服务。所有征购该项图书标本及该员考察旅行各费，连同试验室建筑费用，共计支用 7.6 千元，核与第一期实领之分配数

① 陈学俊：《回忆录》（增订本），西安交通大学出版社，2009 年。

6.04千元,已超出1.6千元。现该室工作正式开始,第二期所需添置之设备等急应设法购置,应请赐将第二期应领之1.5万元迅于提前拨付。①

不知中工所为唐燿赴欧申请费用是否获得通过?但唐燿在四九年之后,多次言其在欧美搜集文献和购买材料系其自费,此中直接原因是唐燿其时遭受贪污指控。究竟如何,暂不深究。不过拟建木材干燥试验室,后并没有立即施工,唐燿自言待至乐山才得以实现。

木材试验室成立之后,除在为开展木材力学试验而作准备外,唐燿还进行商用木材之调查及样品之搜集,草就调查办法,由中工所函至各省建设厅及有关之机构协助,草成《中国木材商况》一文,约5万言。其次是开展对外合作事业,代兵工署第三科研究枪柄代用品问题,代交通部材料司研究枕木腐烂问题,草成简单防腐方式初步报告,送交该部。更有农产促进委员会于1940年春协款3万,委托木材室进行中国商用木材之调查,林产品之搜集,及木材腐烂及病害、虫害等项研究。② 试验室成立伊始,即有这些机构持所遇问题前来请求解决,可见其时中国木材问题之多,研究木材之迫切。

从前述已知木材研究涉及学科甚为宽泛,而在中国又刚刚起步,在木材试验室展开研究之后,1940年初,登报公开征求有志于木材研究者来所工作,包括生物、数理化及工程等学科背景人员,以期就其所学,培养成木材学各门专家,但反响不佳,一时未聘得有志者加盟。

但是,古有明训,创业维艰。当木材试验尚未完全展开,1940年6月24日,中工所所在地重庆北碚遭受日本军机疯狂轰炸,中工所损失惨重,一幢新建筑中燃烧弹被焚毁,木材试验室适在其中。当晚顾毓瑔呈函经济部,报告损失情况,照录如下:

部、次长钧鉴:

今日下午敌机狂炸北碚,职所附近先中以炸弹,一部分房屋因是震倒。继中燃烧弹,天干风大,顷刻蔓及全部。职所等水电供给早成问题,

① 中工所呈请二十八年度第二期事业费以应急需由,1939年10月14日,中国第二历史档案馆藏经济部档案,四(16160).

② 唐燿:木材试验室概况,《工业中心》第10卷第1/2期,1942年。

当时滴水全无，救灾乏策，后经职与大明染织厂查经理洽商，求救于该厂自用救火工具中抽借皮带两圈，龙头两只，并商准该厂供给水源，虽水弱火烈，当亦不无小补。经率领全体员工竭力抢救，直至夜晚十时，水池积水已涸为止，火势渐趋熄灭，可无蔓延至其他房屋之虞，计损失略如下：

1. 木材试验室全部，包括唐技正燿之在欧美各国收集之典籍文献、标本等全部被毁。

2. 制糖试验室全部设备被毁；

3. 净粹化学品试验室全部设备被毁；

4. 图书室包括职个人历年之藏书全部被毁；

5. 办公室、会议室包括一部分旧档案全部被毁；

6. 清华大学储存之图书全部被毁；

7. 化学分析室仪器设备（在西部科学院房子内）损失过半。

8. 在张家沱之三试验工厂（淀粉加工、三酸精制及榨油）因陈调元先生寓中中弹，略有损失。

此次北碚被炸范围之广，灾情之惨，前所未有；而职所被灾又特重，目击惨状，悲愤交集，除留碚办理善后及清查损失，以备呈部，请求救济，先此函呈报告。

伏乞钧察，敬请

钧安

职　顾毓瑔　敬呈　六月二十四日[1]

此次劫难后，唐燿曾屡次提及，但当时目睹火光冲天，付出心血化为灰烬，想必也如顾毓瑔一样“悲愤交集”。导致损失如此惨重，也与中工所西迁北碚，战时建造房屋简陋，没有消防设施有关。不过，唐燿之典籍材料只是其随身携带而来之部分，而大部分尚未转运至碚，算是万幸。中工所旧日之档案被毁，则损失大矣，且无从挽回。所遭损失还有私人物品，木材试验室人员唐燿等个人损失也最多，7 月 23 日中工所向经济部列举各员损失物品目录，申请救济。此仅录木材试验室申请救济人员名单，有陈学俊、何天相、查礼官、钟楚骥等[2]，

① 中国第二历史档案馆藏经济部档案，四(12815).

② 中国第二历史档案馆藏经济部档案，四(12844).

藉之可知此为其时木材试验室主要人员。救济人员名单中无唐燿，盖唐燿收入较高，物品损失，影响生活甚小，而没有申请救济。

木材试验室尚未建成，即遭此厄运。于是中工所有将木材试验室创设于重庆之外意向。顾毓瑔与成都之中国航空研究所联系，其时该所也在进行木材研究，或者借助该所房屋并取得合作之机。今获悉有此，系从该航空研究所器材组主任朱霖回复顾毓瑔函中获悉，其函略云："前在渝时，所谈贵所木材试验室创设于成都一节，未谂进行如何，该所以业务关系，似仍设蓉为善，至其应用房屋，即在筹备时期，以敝所现有各屋，皆已住满，况甚湫隘，亦不适用。如尊所决计设蓉，自应另外设法，拟请转告唐燿君来蓉一行，以便洽商一切，而定进行。"[1]今不知其后情形如何，不知唐燿是否前往成都，或者经人推荐，而以乐山更为适合，遂往乐山。

① 朱霖复顾毓瑔函，重庆市档案馆藏重庆工业试验所档案，114-01-0133.

第四章 DISIZHANG

木材试验室在乐山

木材试验室在北碚工作数月后，室所房屋遭日寇飞机轰炸，化为灰烬，遂移至中工所淀粉厂筹备处工作。此后敌机轰炸，几无虚日，导致 8 月初木材试验室奉命迁往乐山。此项决议于木材试验室而言，实属重要，但如何作出，惜未见文字记载。乐山，又名嘉定，位于四川中部，岷江、大渡河及青衣江在境内汇合，又地近峨眉山，木材资源丰富，迁此便于研究木材是原因之一。唐耀自己也曾言："嘉定这个地方，是川康木业的中心，松、理、汶、茂的木材，可由岷江运嘉；洪雅的木材，可由青衣江（一称雅河）运嘉；峨边、沙坪等地的木材可由大渡河（一名铜河）运嘉。此外嘉定附近的九里山、镇子场、板桥溪等地，也供给木材不少，就嘉定在地理上的位置，水陆交通的关系，在将来或可成为中国木材工业的重镇，且有种种迹象可寻。经济部中央工业试验所木材试验室，所以迁来此间，也就为这一层地利的缘故。"①1940 年 8 月中旬，唐耀率几名员工赴乐山，随身携带仪器书籍四箱，暂假凌云寺静修亭为临时室址，于 9 月 9 日开始恢复工作，此后将是日作为迁所纪念日。

一般而言，研究机构以研究所为独立单位，试验室为研究所下属非独立建制之二级单元，试验室大多行政事务由研究所办理，试验室主要关注于研究项目，其大多必要条件由研究所提供。木材试验室迁至乐山，无法依托中工所提供所内资源，除获得下拨事业费外，其他均靠试验室自己筹划，故试验室下设部门，虽未明确，但也类似研究所一般。这也增加唐耀施展其理想及行政才能之机会，迁室不啻重设。自 1940 年 8 月至 1941 年 8 月，经过一年之努力，达到预期，奠定试验研究基础，且渐臻稳固。此分别述之。

一、筹建试验室

1. 试验室址

1940 年 8 月，木材试验室迁至乐山。此时迁至乐山之文教机构已甚多，有

① 唐耀：中央工业研究所木材试验馆，《林讯》1944 年第 3 期。

武汉大学、中央技艺专科学校、江苏省蚕丝专科学校、黄海化学工业研究社及马一浮之复性书院等，俨然已是战时后方文化之中心。木材室迁乐山主要原由因三水汇流在此，是木材集散中心，但对其地文化氛围也有所倚重。此后与这些机构或多或少，产生联系。

8月1日唐燿偕何天相赴乐山，临行之时，致函北碚邮政局，云“日后如有敝室书报邮件等，请转乐山城内乐山小学转”。可知，一行抵达乐山，先在该小学落脚；后不知何人介绍，他们转至凌云寺，暂借竞秀亭为室址。凌云寺又称大佛寺，位于乐山县治对岸，以江边临崖雕出一尊庞大石佛而得名，为乐山历史名胜。“天下山水在蜀、蜀之山水在嘉州、嘉州之胜在凌云。”唐代诗人岑灿有《登嘉州凌云寺作》：“回风吹虎动穴，片雨当龙湫。”宋朝苏轼“生不愿为万户侯，亦不愿识韩荆州，但愿身为汉嘉守，载酒时作凌云游。”由此可见其名声久远。竞秀亭在寺之山门前，木材室在此于9月9日开始工作。唐燿回忆初来情形如下：

> 回忆我抵乐山后，曾赁屋于大佛寺静修亭楼上，下面是一个茶馆，他们烧起灶来，我们工作的几间小屋子也烟雾弥漫，可是大家的工作情绪并不因之减低。①

静修亭应为竞秀亭，读音相同，不知错在何处。木材室档案有载：“本室于廿九年秋由北碚迁来乐山，暂借大佛寺竞秀亭，后租定姚庄”。如今该亭纯粹是一亭，不知往时建筑样式怎样，二层且可以住人？据乐山文史研究者考证：清康熙重建竞秀亭，至同治年间已“将顷矣”。由此至建国前，是否重建过，现无资料证明。二十世纪八十年代初，大佛文管所重建之。亭重檐，筒瓦，八角，八柱，下有美人靠坐栏。② 今去民国并不遥远，文物却泯灭不清至此。

---

① 唐燿：从事木材科研工作的回忆。九三学社中央研究室编：《中国科学家回忆录》第1集，光明日报出版社，1988年，第193页。

② 张明军：凌云山竞秀亭考。张明军：《乐山大佛乌尤景区古迹风物考》，中央文献出版社，2006年，第97页。

图 4－1　唐燿拍摄乐山大佛

在竞秀亭一月后，唐燿致函所内人士，有云：

> 本室迁嘉，瞬逾一月，其始盖忙于琐碎事务，诸如器物之购置，员工之延催，内部之调正，莫不大费经营。今稍已就诸。天相君暨研究生数人则分别整理图书、表册、标本等，不久亦可告竣。而永久室址同时进行中，已略见端倪，必须安排，既定临时永久都不成问题，方可专注于研究工作。①

竞秀亭实在狭小和简陋，尚称不上临时之所，乃于凌云寺所在之凌云山顶，距此不远，山之顶名曰灵宝峰，其上筑十三层白塔，租得塔下为私人山庄曰姚庄，才算临时室址。姚庄主人姚矩修，乃一书生，曾任西南军阀胡若愚秘书，此时在此闲居，将其一处房屋名之揖峨庐，可见其书卷之气。文人相惜，此时姚矩修与复性书院马一浮常往来。马一浮诗集中有《题姚矩修诗卷》："佳客传新句，高楼

① 唐燿致袁尚可函，1940 年 9 月 24 日，四川省档案馆藏中央工业试验所木材试验室档案，160－01－008.

图 4-2 木材室在灵宝峰白塔下

封夕曛。诗从元亮得，山自大峨分。开卷如窥牖，行歌每人云。祇应怀玉局（卷中五言多和陶凝陶），何敢论风斤！"[1]想必马一浮曾到揖峨庐，将姚矩修在此读书吟诗之状写入诗中。

木材室在姚庄租屋，租期半年，如此短暂，想必也只是临时落脚，意在自建室址。而所租仅是姚庄部分房屋，余为姚庄主人及家属自住。然为时未久，主人去世，其长子服务于空军，乃要接寡母及幼弟去成都定居，亟图将房产出售。木材室虽有自建室址计划，然一时难以筹备；若姚庄被他人买走，则必须迁出。其时，乐山人口骤增，另觅空房，甚为艰难。乃于 1942 年 8 月 21 日将姚庄全

① 吴光主编：《马一浮全集》第 3 册，浙江古籍出版社，2013 年，第 92 页。

部房屋以 6 万元买下,是日办妥全部手续,至此木材室之基础始才巩固。姚庄地皮属大佛寺,系姚家租得,8 月 28 日木材室又与大佛寺住持圣钦代表常中签订租地条约,每年租金 400 元,租期二十年,每年月首交付。其后将购置姚庄和租借地皮条约,送交乐山县政府田赋管理处备案。房屋买卖契约要点如下:

立永卖房屋文约人姚车顺芳率子姚晓耕等,近自愿将先夫姚矩修在乐山县河岸凌云山大佛旁灵宝峰高塔前面土地上自建之揖峨庐全院房屋及院前下坡石梯出路合并卖与经济部中央工业试验所管业,当议定地皮永佃权完全由买主继承,房价计国币六万元正,立契之日,房价两清。该地四至,前至崖边,后至塔脚,左至崖口,右至祖师殿,详附图。[①]

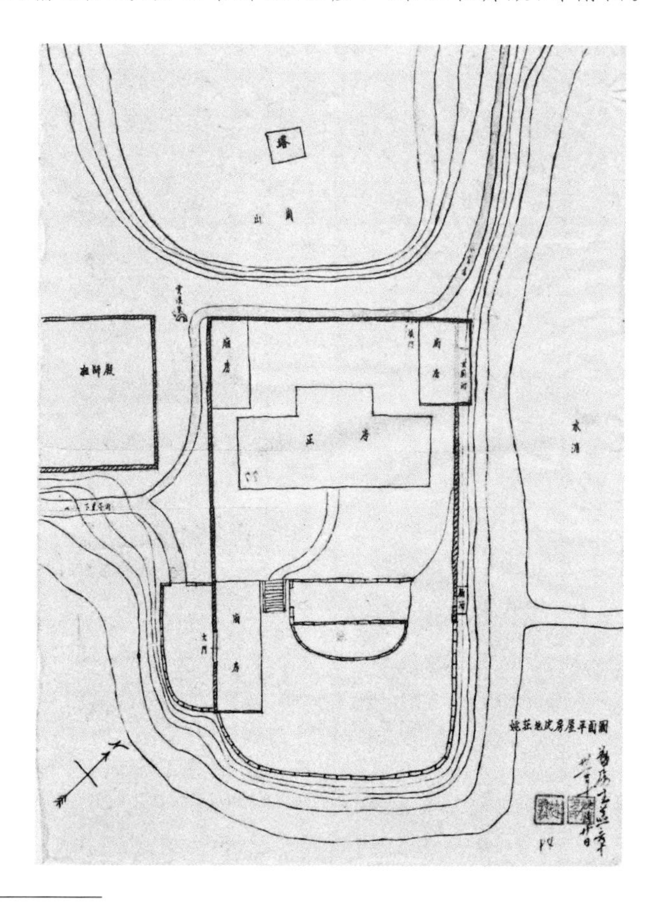

① 四川省政府官契,1942 年 8 月 21 日,四川省档案馆藏中央工业试验所木材试验室档案。

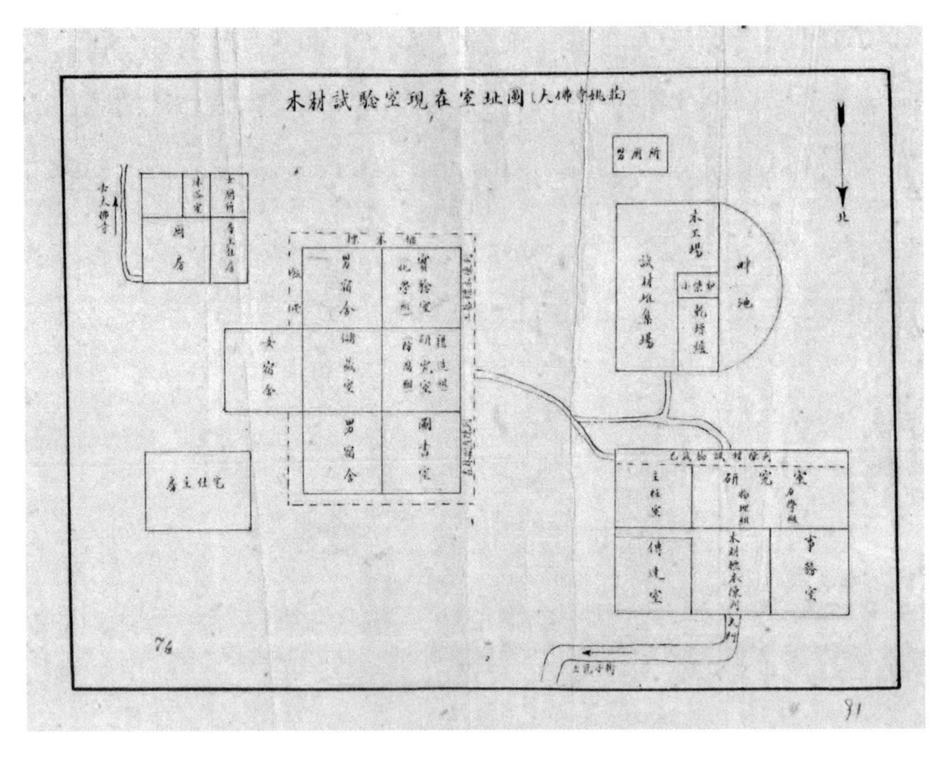

图 4－3　木材室在姚庄平面图

1943 年 3 月 12 日为植树节，木材室着手布置姚庄庭院，美化工作环境，陶冶工作人员之德行。其后更在屋外填筑球场，以供员工锻炼身体。同年 9 月在大佛寺姚庄后灵宝峰侧隙地，用于添筑员工宿舍和工棚，年底落成宿舍楼房一幢。又租大佛寺山下之青竹沟地皮，用以建筑厂房。1944 年 12 月在灵宝峰下，又兴建宿舍五间。所有建筑经费来源，暂且不知，但建成之后，均接受审计部派员会同会计审计验收。唐燿对此处环境甚为满意，1944 年试验室已改名试验馆，尝云："在此远眺峨眉之秀丽，俯瞰江河之汇流，本馆的馆址于此，实研究工作之理想环境也。"在此远眺岷山之秀色，下临岷江、大渡河、青衣江之汇流，风景绝佳。木材室设于此，可谓得天地之灵。

木材室在迁抵乐山之后，在大佛寺前竞秀亭安身之后，10 月 16 日即在嘉定城外瓦厂坝东岳庙租得一块土地，拟作为室址。该地旁捷嘉公路，也通合川，交通方便，距离大佛寺约十里。其时，资源委员会在此设纸厂，还有私营水

图 4-4　姚庄下临岷江，隔江相望为嘉定县城

泥厂，木材室址设此，多处可以借助。后因购买姚庄房屋，故未立即动工。该地租期十年，年纳租金 400 元，系与该庙产代理人罗用能签订。

1942 年 6 月木材室决定在此兴建办公室和木材加工实验工厂，以收研究与实验性工业合一之效。但工程开工之时，罗用能以原租金与现时物价相较，似感租金过低，为达到勒索目的，乃曲解租约所定界址，将面积缩小，并言木材室越界建筑，召集地方土劣前来阻挡施工。木材室员工为研究学人，对此无理取闹，希图自利之徒，自感难以应付，只得恳请地方政府出面，才将事态平息，办公室于 8 月底建成。

办公室勉强建成，而后实验工厂则遇见重重问题。设立木材加工厂意义亦甚多，木材室在向乐山县府致函时，有所说明：

查木材加工厂为国家事业，早已列入抗战三年计划内。乐山为川省木材集散重镇，此厂之成立，不特我国木材工业将有长足进展，其有助于乐山木业前途之发展，亦至巨且大，即乐山其他市场亦将如影随形，渐臻繁荣，裨益于社会经济亦决不在国家工业建设之下。故上峰对于木材室选定乐山为厂址,早经认为确当,且绝无变更余地。中央且曾一再严令限期开工以完成抗战三年计划。①

但是,由于建筑办公室时已与罗用能等发生纠纷,其之成见还在延续,而于国家利益置若罔闻。先前所租之地面积不够使用,需要扩大,再行租地,罗用能则超出市场规则,漫天要价。为此,中工所于1942年8月11日呈请经济部转咨四川民政厅、教育厅饬属协助交涉地皮纠纷,经济部遂函请四川省政府饬属协助。四川省政府即于1942年9月17日饬令乐山县府及该区专署协助。中工所所长顾毓瑔也于11月致函乐山县政府,"因租价问题,迄未解决,以致建筑工程无法进行。曾蒙贵府鼎立协助,盛情至感。兹以该厂奉命限期开工,厂址急待确定,详情由敝所木材试验室主任兼该厂主任唐燿前来面洽外,用特专函奉恳,希迅赐采用最有效方法,促成其事,以利工程进行。"②在如此压力之下,县府才出面调解落实,却有偏袒地方之嫌。唐燿为此奔波十阅月之后,期间中工所还派夏伯初来乐山专门协助,仍无结果,时至翌年5月,唐燿致函所长顾毓瑔,作详细之汇报。此录其函,以见事情始末。

查燿自奉令筹备木材加工实验工厂以来,倏已十月,关于厂址地皮问题,虽一再复更政策,迁就事实,迄尚未获正当解决,有负钧座重视木材工业之至意,至深惶恐。惟其间地方人士之无礼挟持,行政当局之无力协助,实为症结之所在。值兹钧驾莅乐指示,敬将经过原委,略为钧座陈之:

瓦厂坝东岳庙庙地之一部分,前曾于廿九年租于本所木材室为室址,经立约为凭。木材室可于租地范围内全权使用,当无疑义。乃去年六月木材室在该地面建筑房屋时,该地人士罗用能、曹焕耀等,曲解契约,阻挡工程,幸经木材室据理力争,由四川省第五区专署依法调解,始告平息。燿奉命筹备木材加工实验工厂后,一面为谋与木材试验室取得实验研究之联系,一面为顾及水陆交通之便利,故即觅定瓦厂坝木材室租地范围以外地段为厂址,并经先后呈核在卷。去年八月,钧座体念属处之人员不

① 经济部木材加工厂租地问题节略,四川省档案馆藏中央工业试验所木材试验室档案。

② 顾毓瑔致乐山县政府,1942年11月,四川省档案馆藏中央工业试验所木材试验室档案,160-01-0036.

足，曾派专员伯初来乐专办租购地皮事宜，满以为短期内即可获得解决。讵意该地人士罗曹等蓄意破坏，亦属徒然。

自后，燿又独负重任，数度与五区专署乐山县府当局筹商疏解办法，并请其多方协助，时适钧座呈部转咨四川省政建厅，令饬专署县府协助办理之令文，亦先后到乐，于署县奉令后，因于去年十一月十六日召集有关人士在县府会商是事，结果县府全以迁就地方人士之意志为主，不顾原约而成立片面之办法五条。时适燿在渝，曾面陈钧座，并乞示遵办。返嘉后，即又数度访于署县两当局，力辟片面之五条办法为非是，并请会同派员实地查勘，迅予合理有效之解决。嗣即经专署县府会派专员勘察，并商定原则三项：1. 东岳庙全部拨由加工厂利用，保国民学校迁地续办。2. 庙旁民地自县府建设科会同加工厂查询时价后，再由加工厂照价租用或收购。3. 另建保国民学校分三期完成，第一期以能容纳现有之学生为度，由县府建设科设计估价，所需经费全部由木材室负责。乐山县府易县长于本年一月十五日，手令该地小学校长李永洲，迅速将迁移办法，迁移所需经费，详拟计划及预算，于三日内呈核，以凭办理。初以为原则既经确立，不难从此取得正当解决。乃事有出人意料之外者，该校校长奉令后，竟敢逾期复呈，并于复呈中对县令多所非议，而于该校迁移办法及经费预算等，毫不提及，藐视政令，可谓已极。但犹不足怪，乐山县府始则任其迁延不复，继则于迁校办法未曾稍个提及，经燿数度催询，亦每遁词以对，忍使政令之不出署门一步，实令人大惑不解。

燿目击此情，知欲强如是之行政当局，执行既定原则困难殊多，如趋极端，于事或亦无补。乃转向租购民地着手，以期减少窒碍而得迅速解决。县府当局亦认为事属可行，该府因又两度派员下乡，调查业主粮额亩数及时价等等，幸皆稍有眉目。如该府能从此两不亏损之原则下，热忱协助办理，一部分地皮问题固可指日解决。乃于三月十五日，县府建设教育两科长下乡召开民地议价会议时，悉听乡民漫天讨价，而于前经该府派员下乡会同保长所调查之价格置之不顾，以致无结果而散会。

燿观察此种情形，计惟有先从公地之租用入手。当催县府召集庙产代表人会商。该府于五月五日在该府召开有关东岳庙地方人士商讨租用一部分庙产时，所有租地范围以及价格等等。主持会议之沈建设科长，又惟该地人士罗用能，曹焕耀等之意见是从，最之称奇者，乐山租地惯例，在租金之外须缴纳与租金同额之押租，而彼等竟提出政府机关迁移无常，必须一次缴足二倍于租金之押租，以示歧异。又水田每亩须缴租谷六市石，旱地每亩须缴苞谷三市石，需索之巨，亦属闻所未闻。虽经燿当场力辩其非，但以众寡悬殊，无可理喻，势将被自成议案。燿初尚稍予忍受，以观究竟，继念是而可允承受，则来日之清丈订约等问题更将受其欺蒙，于加工厂经费之损失者犹小，由此养成一般人蔑视政府事业之心理，其损失恐非区区物质建设之所得，所能偿其万一。故随即毅然表示异议，亦致无结果而散会。数月来奔走接洽，因亦不得不暂告停顿。

以上所述，为简叙十月来办理租地之经过大概。燿才浅识薄，于奉令之后，即深以不足应付目前之社会环境为虑，租地事宜之不得及早决，当亦不得辞其咎。但恶势力之根深蒂固如是，地方行政当局协助办理之实情又如是，亦实令人气馁。

草率陈词，不尽欲言，诸祈垂鉴，谨呈

所长

唐燿　5 月 9 日(1943 年)

一般而言，驻地研究机构要获得地方政府及地方人士之支持，必须要有惠及地方的项目或内容，可以促进地方建设或改善周边民众生活，且有持续性，方能融入地方。木材研究，与地方经济本有密切相关，如前引唐燿所言。不知为何，唐燿未能利用其优势与地方建立良好关系。此函甚长，详细记述事情经过，但其之所以详述，是在争取所长理解此中之艰难，亦为其办事不力而感到歉疚。

唐燿或者在此前已将其处境函告静生所所长，时任中正大学校长之胡先骕。胡先骕对唐燿遭受之困甚为愤怒，乃多次致函经济部长翁文灏，其一函云：

咏霓吾兄惠鉴：

前奉手教，即转寄唐燿君，顷又得彼一函，特以奉阅。以一等有用之科学家而使之尽耗精力于人事纠缠，为长官者，且事事与之为难，宁为抗战建国时期所应有之现象，若为他人，第自不敢越俎代庖，以公贤者，乃敢以实情奉违。唐君当不能久局促于此现状之下，公如有意为国家建设一木材研究机关，当乞为筹补救之方，否则唐君一去，则此木材室便告终了，十年中未必再能难得此种专家与设备也。

静生调查所承多方维护，至以为感，现只待桂君东归后，即可进行人员撤退也。

专此，即颂

政绥

弟 胡先骕 启 三月十七日①

胡先骕与翁文灏交往深厚，一领导中国生物学、一领导中国地质学，彼此互相提携。静生所开展木材研究，翁文灏早已明悉。当翁文灏以学者身份从政，胡先骕在报端发文公开支持。今翁文灏获悉唐燿事业面临困难，当再予援手，随即出面，租地之事得到解决。惜档案中却未见此类案卷，仅知木材室大约于 1943 年秋将东岳庙木材厂房屋建成。

第二年，木材室和木材厂人员有所增加，以致职员宿舍不敷应用，乃于 5 月间开始筹建宿舍，为节省经费，而利用先前建造木材厂剩余之木材，其中之木工亦以木材厂木工自造，7 月 1 日开工，12 月 20 日完工，费 1.9 万元。完工之后，请中工所派员前来验收，以符手续。想必此前建造事项亦如是。

木材试验和木材工厂均需电力供应，而东岳庙未曾通电，迟至 1944 年 5 月，嘉裕电气股份有限公司可向木材厂供电。此前 3 月份，中工所在木材室第一期事业费中，拨款 2 万元，以订制 10K · DA 变压器一具。架线自 8 月份开始，需款 8.41 万元。为求得电力供应，亦费巨款也。

2. 延揽人员

木材研究涉及多个学科，唐燿在国外考察时甚为留意各林产研究所人员构成和学科背景；而其时国内从事木材研究者并不多，故唐燿言“欲树立吾国木材工业根基，必须集合有学识经验之木材学，及研究木材物理、木材化学、林产及工程等专家，筹划有关木材研究及事业之进展，并就国内有志之士，培养成各项狭义之专家，从事中国木材之研究试验，此诚为最经济有效之办法。”然而，当唐燿组建木材试验室之初，并未聘得有从业经验者，余下只有自己培养

① 胡先骕致翁文灏函，1943 年 3 月 17 日，台北“中央研究院”近代史研究所档案馆藏经济部档案，馆藏号 18－22－03－070－05.

之一途。而唐燿到所之前，所里安排二人，其后没有被留用，所有人员均其重新招收而来。起初，唐燿拟以招收研究生方式为之培养。1940 年 4 月，尚在北碚之时，木材室在报刊发布“招收研究生及工程员启事”，并以中工所名义聘请林学先进姚传法、陈焕镛为木材室名誉顾问，并聘茅以升、曾昭抡、梁希、唐培经、陈世骧、朱惠方、郑万钧为木材室名誉导师。启事云：

中央工业试验所木材试验室为促进中国木材各种研究起见，决招收对化学、物理、生物、(昆虫、病害)、数学(统计)及各项工程科之大学毕业生若干名。凡有志深造，愿从事木材防腐、干燥，木材工业、伐木、木材病害、统计等专门研究，均可应征，取录后之待遇月薪八十元以上，视经验而定，必要时酌贴生活费，路远亦可酌贴旅费，录取后先试用半年，合则另聘，在试用期内，不得中途辞去，否则须缴还一切费用。

对于研究工作，系就指定问题在专家指导之下从事研究，在必要时，略兼试验室事务。凡应征者，须呈交毕业证书或服务成绩证明书，年龄、性别、家庭状况等履历，有知名学者之介绍书尤佳。并自著中英文各一篇详述个人兴趣与希望，合则函约面试。

通讯处：重庆北碚中央工业试验所木材室。①

对招收而来研究生由试验室所聘导师予以指导，从事研究，这些导师涉及多个学科，茅以升为工程，曾昭抡为化学、梁希为林学、陈世骧为昆虫学、朱惠方为林学、郑万钧为植物学，其中只有梁希、朱惠方在进行木材研究。其后，木材室迁乐山，他们均不在乐山，对木材室研究生殆无实质性指导，事实上在档案中未见相关记录。

其实，木材试验室招收研究生并没有完备管理体系，没有入学考试、没有论文答辩、没有学位授予之类，只是其时中国大学未设木材学专业，唐燿愿对已经大学毕业，具有一定专业知识者，加以培养，在其所学和兴趣所在，选择木材学某一门类，予以专攻，并担任试验室有关事务。其薪津待遇与大学毕业后没有研究生名义者几无差别。其后，唐燿对其培养研究生成绩如是言：

---

① 唐燿：招收木材研究员，《科学》第二十四卷第七期，1940 年。

(研究生)有考察及商况之调查者,兼及林产之陈列;有研究主要树木之分类者,兼管腊叶标本;有研究木材构造及鉴定者,监管木材之标本,或司木材之切片;研究力学性质者,监管试材及相关之设备与记载之整理;研究木材之物理者,兼管木材变异之统计;研究木材化学者,兼管有关之仪器药品,担任编辑者,兼管本馆之报告及新到杂志之摘引等为是。①

或者招聘而来从事研究者,多是研究生名义。抵达乐山之初,仅唐燿和何天相两人,此前发出招收研究生和招聘工程师广告后,已有多人联系,鉴于承担农产促进会之委托,调查中国商用木材,从事木材腐败及病害、虫害等项研究,最急迫之人员是调查人员、病虫害防治人员。最先到室者,1940 年有: 9 月之徐迓亭、9 月之姚荷生、9 月之何隆甲、10 月之王恺、10 月之钟家栋、11 月之钟兴俭;1941 年有: 2 月之留润州、12 月之屠鸿远;1942 年有柯病凡、成俊卿。以上所举为主要研究人员,但在其中,留在木材室工作两年以上者,仅王恺、屠鸿远、柯病凡、成俊卿等几人,人员流动性较大,但大多时期始终保持在 10 人左右。木材试验室内建立起立五个试验室: 森林资源及标本室、木材构造试验室、木材物理及力学试验室、木材化学试验室、木材工业试验室,形成基础粗定,可以工作之环境。各试验室研究内容虽有明确划分,而研究人员也有明确研究方向,但实际运行则是一人任多个岗位事务,且变动频繁,故本书没有选择以各试验室为单元进行记述,而是列举各个人员在试验室之研究经历。

对诸位研究人员之介绍,先介绍在木材试验室工作未久即而离去者,以见唐燿欲觅得合适人员之难;这些工作短暂者,或于木材学尚未入门,或其后也未从事与木材相关之事业,但也非等闲之辈。他们在此毕竟得到学术训练,增长阅历;然而其在木材室之经历,已不为人所知,记录在此,亦弥足珍贵。

1) 徐迓亭

徐迓亭,浙江鄞县人,1939 年武汉大学物理系毕业,曾任航空委员会航空研究所助理研究员。来室系由唐燿在扬州中学任教之同事汪静斋和学生采秉南所推荐,采秉南致函云:

前阅报载吾师任木材试验室主任,当时以不明地址未能申函问候为

① 唐燿:《五年来工作概况及成效 · 廿九年至卅三年》,木材试验馆印行,1945 年 1 月。

歉。顷有敝校去年毕业同学徐迓亭君，原在成都航空研究所任助理研究员，以指导乏人去任广安中学教员，阅报载贵室招研究生及工程员，颇愿于老师指导之下，从事研究工作。日昨汪静斋先生亦谓师处需人，因请汪师介绍，徐君当即蒙允，并告以贵室即将迁嘉定，证件寄递恐有遗失，故仅将汪师介绍书寄呈，如需证件审查，恳请赐函，当即寄奉。徐君因负担一亲戚在内地读书，故希望有百廿元以上之研究津贴，想吾师认为合格时，定可俯允也。①

按木材室要求报名来室充当研究生者，均要提供其自传。徐迓亭《自传》是这样写道其对从事木材研究之渴望：

航空研究所的中心工作是调查四川所产的木材和其物理性质与机械性能的测验，我被派在“木材物理学”方面——有知以来第一次听到这个“学”的名称，我开始寻求关于这方面的书籍，而所里仅有散见在英美各国航空期刊上的几篇论文，商务出版唐燿先生著的《木材学》被奉为唯一的专书了。

贫乏的中国出版界，能有那么厚的一本“冷门”书籍，固然可算是很难得，但那《木材学》只是一种通论，大部分篇幅无异一部植物辞典似的，在解释学名、科属等等。要来研究木材物理学是不够的。后来我开了三种书名，托母校的同学见借，好不容易才找来一本 J. B. Wagner 的《木材干燥学》，这归属在工程材料学里面，一般大学工学院并没有专论木材的课程呀。这书开头几章给不曾打稳生物学基础的人一点木材组织构造上的粗浅概念。

如何仅想遵照规定方法做去，我的任务简便透了——测比重和定水分，那里的事是繁重而非困难。助理研究员得和技工一样，不息地锯木片，弄天平，量体积……而且为要加速工作进度，必须以身作则地比他们做得更多更快，每天很少让我用脑的时候，工作已变成劳役。

看到五月卅一日《大公报》上中央工业试验所招收研究生的广告，那正是我刚刚发生点兴趣而没能做下去的事——木材试验。我在物理学中

① 四川省档案馆藏中央工业试验所木材试验室档案。

> 比较喜爱的是物性学，毕业那年就计划着要做国产植物油类物理性质，如表面张力、黏滞性等的实验，这可正是关联着的，因为它和我从前辞去的机关并非一个统属，对它不免抱点期望。①

徐迓亭9月26日到室，翌年1月11日去职，仅百余日，不知何故。其前在航空研究所从事木材测试工作，为了得到数据，依照机械程序工作甚多，枯燥乏味，与其性情不合；但木材室学术氛围、文献材料当好于航空研究所；抑或所得薪酬，没有达到期望值？其后，曾任李约瑟中文秘书，当李约瑟来乐山木材室参观，由其陪同，也算是机缘巧合。其晚年生活在上海，曾校订王国忠所著《李约瑟与中国》一书，该书记李约瑟到木材室仅有半句。

薪津待遇，当然为人所注重，若以学术为重，稍加权衡，即可作出决断。当初唐燿去静生所，即是如此。若以薪津为重，斤斤计较，在唐燿招聘中，还遇见一位，唐燿如是复其函：

> 关于待遇一事，本室薪额，胥有标准，非率意而定。凡初毕业者为六十，毕业一年，则增一十，以后依例递加，阁下已毕业一年，故所得应为七十，至前谓九十，盖加有政府公贴二十元。还有房膳津贴四十，米贴随时价折合，现约三十。志在于学，万勿斤斤于此。燿鉴于事业之难，莫难于人才之培养。在研究期间（最少一年）绝口不能半途离职他往，否则须担负损失赔偿之责任。②

由此函可悉其时中工所制定之人员薪津发放标准，也非唐燿所定，若查得同期公务人员收入情况，则可知中工所给予之厚薄。一般而言，斤斤计较自己收入者，对事业追求则有限，与人交往时，也不易得到尊重，故唐燿有此微词。

即便招聘入职，若不诚实、刻苦向学，也被辞退，1941年8月即开除一位。是月工作报告云"去职人员，有研究生范正书一名，渠工作不力，屡戒不从，故予以停职处分，薪给照开至本月十五日止。业经呈报备案。"唐燿绝不是好好

① 徐迓亭：自述，四川省档案馆藏中央工业试验所木材试验室档案。

② 唐燿复何翰珍函，1940年10月，四川省档案馆藏中央工业试验所木材试验室档案，160-001-0058.

先生，否则此风一长，影响他人，试验室难以立足发展。

2）姚荷生

姚荷生（1915—1998年），江苏镇江人，1934年入清华大学生物系，1938年毕业，此时学校已是西南联合大学。毕业后入清华大学农业研究所，跟随戴芳澜研究植物病害。同年12月，受邀参加云南省建设厅组织的“边疆实业考察团”，赴西双版纳调查两个月，写成《水摆夷风土记》一书，后于1948年在上海大东书局出版，引起人类学界之重视。1940年姚荷生已结婚，岳丈王唯一，曾在镇江开设商务印书馆，此时其人已内迁至重庆，嘱姚荷生来重庆共同生活，洽木材室招聘新人，遂为自荐。其函云：

> 顷阅敝校布告，悉贵室征求研究人员，鄙人自忖资格经历与贵室所定之标准，尚无不合，故不惴简陋，特缮就详细履历书，中英文各一份，并附服务证书二纸，敬请审阅介绍文件。本拟请植病学者戴芳澜先生专写介绍，惟彼远在乡间，而敝校暑假在即，事务甚忙，不暇远去，若贵室认为必需，则暑假中再行补上。外附邮票五分，苟贵室认为资历不合，请将原件退北碚天生桥邮局王唯一先生留交可也。①

姚荷生提交《自传》，于经历有云：

> 民国二十三年，高中毕业，全省会考，侥中亚元，得教所奖金千二百元，藉以升学焉。同年夏缔婚王氏，投考三大学，皆获售，盖余一生中最可纪念之时也。在清华专攻生物，民二十六年卢沟桥事变起，平津失陷，吾校奉命在长沙复课。十一月首都弃守，湘汉震动，复随校内迁昆明，步行三千数百里，抵滇数月，即行毕业。旋受戴芳澜先生之招，服务于清华大学农业研究所病害组，除研究外，常奉命外出采集病害标本，足迹遍三迤。去秋西南联大生物系扩大，主任李继侗先生嘱返系任助教，以迄今日焉。二年以来，孑身一人，万里漂流，迩来岳家来渝，函嘱相聚，且昆明物价过昂，故决去川，无他奢望，但求衣食无虞，前途有望，一面工作，一面研究，可矣。

① 四川省档案馆藏中央工业试验所木材试验室档案。

由此短文可见姚荷生虽习科学，而中文功底深厚，无怪乎其后曾从事报业。也可见其以学为本之志向，但也未在植物病理学发展，而是转向医学，其后执教于江苏医学院，曾任副院长。此时，木材室拟开展木材病虫害研究，故对姚荷生极表欢迎。姚荷生与木材室联系时在5月间，其时木材室尚在北碚。待其入川赴任，时已9月，木材室迁至乐山。档案中有其往乐山途中，唐燿有函，嘱其在成都购买油印机，也抄录在此，以见木材室其时状况之一斑。

图4-5　姚荷生

> 九月二日重庆一信阅悉，计期望已启程，故此信如嘱交蓉也。本室需购各物尚多，尤所急需者，莫若油印机。此间虽有，而概属成渝制造者，极不耐用。兄可代购上海中华书局自造一种，另购好油墨数筒（铅管者最佳），发票抬头开中工所，顺便带嘉。所需之款，能代垫更佳，否则可去四川省农改所会病虫害系周宗璜先生，向其暂借，即以燿此信为凭。①

姚荷生9月30日抵达乐山，但在木材室仅一月，即于10月3日离去。其离去原因，或者与其原本来四川是希望在重庆与家人团聚不符，现只身一人来乐山，有违初衷；其次，木材室在乐山刚刚落脚，尚难开展研究，于学也让其心冷也。

为开展木材病虫害研究，几乎在姚荷生入室之同时，还招聘何隆甲为研究生，从事木材虫害研究。何隆甲，四川成都人，时年二十五，刚自四川大学农学院病虫害系毕业，但在木材室工作至第二年1月10日，请假而去，即未返回，而是入四川农业改进所。四九年后，农改所为四川省农业研究所，何隆甲在此继续从事昆虫学研究；六十年代初调入西藏农业科学研究所。

木材所招来两名研究病虫害者，均未被留下，导致其承担农促会项目之木材病虫害研究未能展开。1941年唐燿向农促会报告云："此项工作，以设备困难及无适当工作人员，克始其终其事，故较少显著之成绩。"

① 四川省档案馆藏中央工业试验所木材试验室档案。

3）留润州　钟家栋

留润州（1914—1983年），浙江青田人，1937年上海交通大学理学院物理系毕业。木材室在北碚时曾与唐燿接洽，拟从事木材研究。当唐燿于1940年9月9日在乐山安置下来之当日，即致函在重庆之留润州，请其前来，可见求贤之切。函云：

润州先生台鉴：

在渝曾复一函，计已达览。本室不幸于六月廿四日惨遭敌机炸毁，乃迁抵乐山大佛寺之竞秀亭，赓续工作。今兹杂物粗定，亟将临时约定书检出，函寄台端，至希惠收。清恙如已稍愈，即盼命驾来乐，藉资襄助而共切磋。此间生活程度较之渝蓉为低，本室同仁伙食虽属团体自理，但由公家予以一半之补助，是则个人担负减轻，不致有米珠薪桂之虞也。旅费如有不足处，不妨预支一月薪，函嘱即汇。过渝时可去本所访华应允先生，因沿途情形，渠颇熟悉，于阁下不无裨益耳。

匆匆不详，余容面罄。专此，顺颂

痊安。

唐燿　启　九月九日①

图4-6　留润州

由函可知，留润州与木材所已有初步约定，只是临时患病，不能立即履约，而滞留重庆。或者唐燿自北碚赴乐山动身之前，已告其迁室之事，只是未得回复。但是，唐燿此函发出一月余，还未得复。10月12日再致一函，云"燿之望大驾来此，其意至诚至切，盖木材研究事业，在中国原为初创，且前途希望极多，正赖有心有志之士协力共趋，以抵于成。意者阁下或以别有困难所在，故滞其行与迟不见复；若然，故盼阁下披腹沥示，燿当设法以破除之也。掬诚相告，唯俟回音。余不宣。"由于木材室人员太少，唐燿诚恳催促留

① 唐燿致留润州函，1940年9月9日，四川省档案馆藏中央工业试验所木材试验室档案，160-01-0061.

润州成行，否则其事业起始则要推迟，如何向试验所交代。或者在唐燿感召之下，留润州于11月中旬到职，来之前，唐燿还函告其自成都到乐山路线，也抄于此，以见其时之交通。

> 来嘉路线，计有水陆二条。陆路可搭汽车，商用车多劣等，二、三日不一定可至，如能便乘军用汽车，则半日可达。水路有木船，三、四日可到，费用较坐车为省，尤为舒适。至嘉先暂下榻旅寓（县衙嘉林公寓、铁牛门嘉定饭店较佳），渡江至大佛寺姚庄相晤。①

留润州在木材室从事木材力学及物理性质研究，曾于1941年4月28日在讨论会上报告。但其在试验室为时未久，即离开，至于何时离开，今已不知。此后留润州亦未曾研究木材，于1945年赴美留学，获加州理工学院理科硕士学位和威斯康辛大学哲学博士学位，1950年回国，一直在山东任教，从事物理学教学与研究，著有《光学测远术》《统计物理学初步》等。

钟家栋来试验室是其姑父、中央技艺专科学校校长，前扬州中学校长周厚枢介绍于唐燿。技专亦在乐山，在此偏远西南，唐燿能与前领导重逢，想必为人生乐事之一。交往之下，曾请周厚枢推荐人才至木材室，遂有此推荐，时在1939年9月6日，尚在重庆之时。

> 顷接舍内侄钟家栋复函，谓对于纤维化学之研究极具兴趣，并愿终身以全力从事于此。此人从中大有机化学教授高君研究数年，且近正编大学有机化学教科书，前在大学读书时根柢即甚好，现又专门从事研究及编著多时，而又具事业之兴趣与决心，将来似不致辱命。如蒙允即延用，请将详情示知，以便转达。又伊现系由中英庚款董事会派赴中大研究，名义为研究员，将来如需转移尊处工作，拟请兄用贵室名义，致函管理中英庚款董事会，说明"敝试验室现拟从事纤维化学之高深研究，查有贵董事会所派在中央大学之研究员钟家栋君对于有机化学颇具研究根柢，并对纤

① 唐燿致留润州，1940年10月，四川省档案馆藏中央工业试验所木材试验室档案，160-001-0058.

> 维化学又具研究兴趣，敝室颇需要此项人才前来工作，拟请即予转移工作地点，派来敝室从事研究，无任公感。”此信如蒙同意，请即缮就赐下，以便弟直接函达杭立武先生。①

所谓中英庚款研究员者，其薪津由该庚款委员会支付，而研究地点则由获得者自己选择，上报备案即可，杭立武为该委员会负责人。唐燿当然欢迎钟家栋此等人才前来工作，随即办理简易手续，于10月20日到职。钟家栋(1914—?)，江苏南京人，1938年毕业于湖南大学化学系，与其姑父推荐函所云有所出入，还有其庚款研究员资格，至11月即到期。由于有此资历，木材室聘之为副研究员，支薪110元。大学毕业第一年来室之研究生，月薪为60元，正常是每年加薪10元，钟家栋毕业仅两年，可见所得甚厚。

钟家栋来木材室继续其庚款研究员项目，档案中有《纤维工业试验研究计划》一份，云该项目为1939、1940两年之工作，侧重于土法造纸之研究、铜梁实验纸厂之筹组、造纸训练班之开设等。为造纸而测定纤维化学组成，观测各种纤维之形态结构。但其来木材室后，工作如何开展，未见记录。后于1941年8月去职，而往中央技艺专科学校任教。1949年后任教于东北农学院，在农药方面有不少发明，并主编农业院校统编教材《有机化学》等，此与其姑丈推荐时所言相符。

4) 刘钟琛　黄山泽

木材室迁乐山，几乎是单独建室，虽然唐燿要求研究人员兼任事务工作，那也只是与业务相关之事务；但行政事务还是需要专人，如办理与外界交涉等。唐燿离开北碚时，曾邀中工所职员刘钟琛前往乐山襄助，但被所长顾毓瑔留下。刘钟琛复唐燿函云：

> 辱承嘱调来嘉，襄助工作，以弟驽钝庸材，远劳青睐，感愧之余，尤深荣幸。自奉示之日起，即满拟前来追随，藉副雅望，而资历练。奈于尊签呈递所座后，即奉批略以弟目前在秘书室所任工作较为繁重，一时未便他调，由澈泉主任面为说项，终未邀准。在澈泉兄以进言未效为憾，在弟则

① 周厚枢致唐燿函，1940年9月16日，160-001-0021.

尤耿于心，有负厚约，事与愿违，实不胜愧对，歉疚之至，惟来日方长，既蒙不弃，则报效之机甚多也。①

今不知刘钟琛简历，不知学历背景，唐燿邀其来木材室不知承担任何种职务，但以其在所秘书室工作，来乐山亦当行政秘书。其本人愿来乐山，但不为所长顾毓瑔赞同，秘书室主任张宗泽为之陈情，也未邀准。一般而言，在重庆觅一位所务秘书并不难，何以所长眷顾于刘钟琛，却不助远在乐山之木材室耶？几年之后，木材室在乐山已小有成绩，室务更多，唐燿又呈请所长顾毓瑔，借调刘钟琛至乐山，其函云：

窃奉命主持木材试验室以来，三年于兹，由碚迁嘉亦逾两载，幸赖钧座之扶持，同仁之襄助，粗具规模。原不敢自信有所成就，无如各方督促勉励有加，咨询之件，日积月累；合作之议，有增无已；尤以各有关方面之来室参观者，无不谬蒙嘉许，自动协助；洽议纷来，业务日繁。即如行政院农产促进委员会之委托，调查林产及研究木材之改进；农林、交通两部嘱组林木勘察团，分途调查枕木、电杆之产源；滑翔总会之派员来室，研究滑翔机需用木材之制作；中央林业研究所之要求合作，主持林木研究等事项；已足令本室原有机构，时感应接不暇之苦。加之属室文书兼编辑员辞职后，尚缺熟悉之人员佐理，因此信札文件，每有稽延。刻又奉命筹备木材加工实验工厂，购地建厂、添置设备、采办原料、训练技工等工作，均须积极进行，愈觉行政人员之较少，似非增加学识经验两俱宏富之较高级职员充实内部，决难完成本室之使命。惟念本室经费有限，工厂预算尚未成立，叨在钧座指导之下，又未敢稍示歧义，率意变更组织，以加重钧所之困难。

兹查有钧所刘专员钟琛，经济文章素所钦佩，如能奉屈来室主持大计，俾各方联系日趋紧凑，燿亦得减少行政顾虑，专心本身事业之推动，在钧座与刘专员方面，虽有一时牺牲，本室或可奠定永久基础。理合缕陈，诚悃恳请鉴核，准予暂行借调刘专员钟琛来乐匡襄，一切暂支原薪，是否

① 刘钟琛复唐燿函，1940年9月4日，四川省档案馆藏中央工业试验所木材试验室档案，160-01-0061.

可行,伏候批示。

谨呈

所长顾

中央工业试验所木材试验室主任 唐燿 谨呈 八月廿七①

如此恳切,还是未获顾毓瑔许可。只是后来因办理实验工厂时,因租借土地无法解决,所部才派夏伯初来乐山代为办理,但事情复杂,不是一时可获解决,至其返回时,尚无眉目。而唐燿本人本为一介书生,缺乏行政才干,致使其日后十分被动,关于此,本书上一节已详述。顾毓瑔应明悉唐燿之弱点,派人前来辅佐当是应该,然而却未有。

在缺乏得力行政人员时,黄山泽来乐山协助办行政理事务约一年。黄山泽系胡先骕介绍而来,其为胡先骕外甥,生于 1916 年,中央大学实验中学毕业,山东大学生物系肄业,此前在四川农业改进所周宗璜手下任职。胡先骕致唐燿函云:“黄山泽人极能干,可任庶务,亦可使之采集木材,请斟酌,并问其本人之志愿为要,其全家姊弟皆有天才,如能费心训练,大有可造,而自幼即经艰苦,而能自拔,尤为难得。性情甚佳,亦靠得住,尤能负责,仲吕重之,弟试用之,即知也。”②唐燿当然是服从胡先骕安排。胡先骕函中所言仲吕,即周宗璜之字,静生所旧人,时在成都,任职于四川农业改进所植物病虫害防治所,于唐燿的工作也鼎力相助,如物色人才、代购图书资料、实验仪器和药品及联系印刷《特刊》等。其时,唐燿需才孔急,多人承诺前去乐山而又放弃,周宗璜获悉,致函唐燿云:“弟颇能见及尊处目前之困难,当力促黄山泽君赶办,此间结束,希渠能于下月初来嘉,襄助一切也。”③黄山泽拟去乐山,周宗璜已令其在成都代办木材室相托事务。在办理过程中,黄山泽有函向唐燿汇报进展。录之于下:

唐燿先生大鉴:

前上一函,谅邀钧览。日前奉仲吕师命,代办木材室所托一切事项,

---

① 唐燿致顾毓瑔,1943 年 8 月 27 日,四川省档案馆藏中央工业试验所木材试验室档案。

② 胡先骕致唐燿,1940 年 9 月 24 日,四川省档案馆藏中央工业试验所木材试验室档案,160-01-012.

③ 周宗璜致唐燿函,1940 年 11 月 23 日。

兹将两日来进行结果略之报告于后，所有请示各点，务请火速赐复，示知一切，以便遵办为祷。

1. 印刷事：稿七件已交冯君（取得收据），印刷费二百元，交由冯君负责接洽办理（取得冯君收据）。

2. 龙门书局：书单已交该局查核，现有者约卅册，需款一千元左右，其他书籍于明春一月间可望购得一部分（全部书籍约在五、六千元之数），不需先付定款，书到时由该局迳函通知。惟现有书籍必需现款取货，兹经交涉约定无条件保留半月，俟款汇到后即行提取。此事究应如何办理，乞示知（如需购办，请将款速汇——十二月十二日以前）。

3. 化学药品：中国化学品制造厂为前川农所农化组同仁所办，已请鲁先生代为交涉，昨经仲吕师当面与该所经理面洽，决由该公司先将已有或能赶造之药品作成，发票收据奉上，请木材室即将专项发票提取支票汇蓉，药品容制就后，即运送乐山，如此双方时间可少耽搁（定钱无需付）。

4. 科学仪器制造所尚未去。

5. 峨眉科学供应所明日前往交涉。

6. 杂物：洋烟成都无法购买，其他物品亦非三五日内所能办妥。泽现已奉命出差涪陵，短时内（一、二月）恐难返所。泽是否将所有各事办理完竣后，再赴乐山；如须先赴乐山，所有事件应交何人接办。购得各项物品是否由本人带来乐山？

专此，敬颂

研祺

山泽　顿首　十一月二十九日[①]

木材试验研究涉及领域广泛，而试验所用物品也五花八门，地处乐山，即便普通试验药品，也无从购置。其时之木材室如何采购，或者从黄山泽此函得悉一二。从黄山泽之函，也可见出其有办事才能。1941 年 1 月 10 日到室，在乐山一年余，以薪津过低而离开。

5）招聘余事

抗战爆发，东部国土沦陷，机构西迁，使得高等学校毕业学生就业困难。

① 黄山泽致唐燿函，1940 年 11 月 29 日。

木材试验室兴建，公开招聘人员，自然吸引不少人士应聘。需要名士推荐为条件之一，此亦作信誉担保之用；但并非名士推荐就一定接纳，如浙江大学校长竺可桢推荐浙江大学生物系毕业生董悯儿前来应聘，推荐之函云“董悯儿女士，现年二十六岁，品学兼优，于木材之研究兴趣特厚。”①其后，不知何故，并未入职。二十世纪八十年代董悯儿曾在北京师范大学生物系工作，嫁于四川乐至之陈修和，陈毅之堂兄。静生所旧人藻类学家李良庆介绍赵思辙来，其战前在北平辅仁大学讲授植物形态学多年，也许没有研究经历、或者专业有差距，唐燿复函云：“阁下有意来燿处共同工作，本极欢迎，惟以目下名额告满，俟有机会时，当再邀请。”而被谢绝。

然而唐燿心仪之人，不是未曾觅得，便是有故不能前来。茅以升为唐燿就读东南大学时之老师，交往甚多，时在贵州平越任交通大学唐山工程学院院长。当唐燿筹备木材力学试验，无人具体承担，乃请茅以升推荐人才，“敝室近经与武汉大学工学院合作，扩大进行木材力学试验，颇苦人手不足，拟请吾师代为物色有志木材力学试验之中级或高级人员一二人，如兼能木材工业机械设计者尤佳。”茅以升复函云：“嘱介绍有志木材试验工程人员，现以本界毕业生均已就业，容随时物色，以答雅令。”爱莫能助也。

四川大学农学院森林系主任程复新推荐祁开印，唐燿致祁开印函云：“闻阁下前曾攻木质学，想对于木材构造一科，必至感兴趣，并富有心得也。研究木材构造，当兼标本之搜集与管理，此为工作上之必需。阁下对此有无异议否？”中央大学农学院森林系主任李顺卿推荐李蔼芬，唐燿致函云：“足下愿来敝室协助有关木材研究上之工程问题，至得快慰。敝室有关工程上待决之问题殊多，如木材之力学试验及其记载之整理，绘图设计有关木材之设备及监制，锯木厂及木工厂之筹建，尤以制造木材手榴弹柄、滑翔机、发电发热动力厂设备购置装置问题，房屋之修建问题等，不知足下愿担任何种及何数种之工作？”唐燿与此两位均有多通书信来往，但均未来乐山。

也许是难以延聘到适当人员，而所聘之人又多不能安心，让唐燿甚为着急，乃向云南农林植物研究所郑万钧请教，甚至诉苦，希望予以援手。其函全文如下：

---

① 竺可桢致中央工业试验所木材室，1940年8月22日，四川省档案馆藏中央工业试验所木材试验室档案，160-1-0058.

万钧学兄：

兹有恳者：以敝室下年度经费增加，预算核定二十余万，事业行将扩展，惟苦优秀工作人才之不易有耳！今日青年，大多学少根柢，而志趣不定，见异思迁，尤为一般之通病。弟临事以来，深深感此，辄又无法以改善，不识兄其何以教我！在滇事业，得济济多士，群策群力，其能蒸蒸日上者，殆非无因。弟筹思之余，颇欲借助滇省工作者二、三位，来此共谋进行，以解目前之困，于公于私，想吾兄均必乐为玉成也。

张英伯君，在兄指导之下工作，学有素养，驾轻就熟，其可助于弟者必多，敬希吾兄察惟前议，允英伯君来川，戳力进行，至深企祷。季川、希陶可否入川一游，亦念。

专此，敬颂

研绥

弟　唐燿　拜启　十一月

再者：英伯来此工作半载一年，如滇省急需，仍可返回也。又及。①

云南农林植物所是静生所与云南省教育厅于1938年合组而成，胡先骕兼任所长，1940年初曾来昆明亲自主持，旋赴江西泰和，出任中正大学校长，所务改由副所长郑万钧主持。郑万钧(1904—1983年)，江苏徐州人。1923年毕业于南京江苏第一农校。后任职于中国科学社生物研究所研究员，长期致力于标本采集，曾受邀在四川为兴建成渝铁路调查枕木资源，对木材学贡献良多，唐燿已聘请郑万钧为木材试验室名誉导师。抗战爆发后，北平静生所部分人员内迁至昆明继续研究，故唐燿云该所济济多士。唐燿回国经昆明而重庆，经过昆明，曾到该所访问，探望其静生所同仁。在昆明时唐燿或与张英伯有一面之雅。此后，张英伯在昆明开展木材学研究一年余，本书前已有述。在张英伯与唐燿通信中，唐燿对其工作甚为赞许，即希望其来木材室工作一段时间，以增加其研究力量。函中另言季川者系俞德浚；希陶者系蔡希陶，与唐燿先后入静生所，现为云南农林所重要人员，在云南、四川采集植物，也均卓有成就，唐燿也想请他们来乐山指导。且看郑万钧如何回复唐燿：

① 唐燿致郑万钧函，1941年10月，四川省档案馆藏中央工业试验所木材试验室档案，160-01-012.

尊处经费增加，工作当可扩充，承示拟邀张英伯君前往工作，弟无成见。查张君系与中院工程所合作聘用，兄如希望张君到尊处协助，最好函请胡师，迳函张君调用可也。蔡希陶兄自去夏脱离所后，即自营菜园，并兼昆明市府职务，如有意邀渠入川，请迳函蔡君相商；至于俞季川兄，刻因预备清华考试，恐暂不克入川。①

经函请胡先骕，获得同意张英伯往木材室工作一年。郑万钧致函唐燿："尊处事业扩充，经费增加，张君入川旅费，请先期汇下，以便成行。"此再录唐燿与张英伯书信一通，以见其间交流之痕迹。

英伯兄惠鉴：

十月三十日手书奉悉，承示近况甚详，以一人而从事广泛之工作，足见毅力，甚佩甚佩！

下问各点，非数语可尽，如嘱寄奉拙著数种（另邮），可窥一斑。敝室进行工作，想亦为阁下所乐闻，今简叙如下：（一）关于构造方面：在研究木材正确名称、俗名、产量、一般用途及其他构造上之性质；（二）关于施工方面：如木材对于锯、刨、钻、定钉、油漆等之反应；（三）关于物理试验者：包括木材之比重及每立方尺之比重、收缩、含水量等类之基本试验，已获有初步结果，报告一部分在排印中；（四）关于力学试验者：今年夏受交通部材料司协款，试验川产主要木材之力学性质，第一步已就峨边沙坪所采得之木荷、丝栗进行七项主要试验，年内可告一段落；（五）关于干燥方面：包括天然干燥之研究，木材堆积法之调查及人工干燥之试验；（六）关于防腐方面：包括腐木菌类之培养，木材害虫之研究，防腐药品之试验及天然抗腐之试验等。调查方面工作，则着重于中国木材资源及木业之产量，调查报告散见于《农业推广通讯》《经济汇报》及《科学世界》等刊物。此外则筹划抗战期间需用特急木材制品之制造，此项工作将与各有关方面合作进行，为应此需要，主办锯木木工等工厂，亦在积极筹划中。

敝室进行之工作，重要者大约如上，惟颇感绠短汲深，人才之当有待充实。大凡事业之能收效功与否，莫不视人力如何而定，此理至浅。而此

① 郑万钧复唐燿，1941年11月24日。

人力，分则收效微，合则易为功，此理又至为显明，尤以草创之时为著。燿颇愿阁下于研究云南木材之告一段落，先来川共同树立并健全一般木材之研究事业。此意盖非始自今日，燿前曾蒙步曾师允许，嘱与农促会、工研所及郑博士商洽。结果见于足下工作告一段落时来此。目下力学试验既于今年底结束，倘愿来此潜修，然后归昆所而工作，于双方均属有益。

敝室下年度经费增加至二十余万，尚不计合作协款，事业即将扩充，亟待志诚坚越之士，戮力促成，故欲阁下来此之意益殷且切耳。不宁是也，因仰光书籍及其他参考资料近已运到，质量供应丰富，阁下来此，于学问之进修，于工作之便利，亦均有得。阁下意向如何？至希示复为念！燿另函万钧兄，请代为促驾。

专此，敬颂

近佳

唐燿　拜　　　十一月十日[①]

经唐燿向胡先骕请示，十二月间胡先骕同意张英伯去乐山工作一段时间，随即办理相关手续。唐燿还嘱张英伯就近在昆明代为购置试验物品，并将其所采云南木材标本带来，计划新年后成行。但是，新年之后，不知何故，张英伯并未前往，而是继续在昆明从事其研究，未遂唐燿之愿。而张英伯所采云南标本，迟至 1944 年寄来乐山。

木材室无论是招收研究生，还是延聘学有专长之研究者，所得成效均未能如愿。但是，另一面，唐燿又得照顾其亲属，将一些人员安排在试验室工作。在中工所呈报经济部档案中，有一份 1941 年试验室人员名录，特标明与唐燿有亲戚关系者：事务员内弟曹伏、书记出纳夫人曹觉、书记表弟章蕴华、图书标本助理员内表弟王华世、练习生内侄冯瑛、代理事务主任兼会计姨丈周朝藩。是年试验室共有十五人，凡此六人，若加上唐燿本人，几占一半。木材试验室乃国家事业，而非家族项目；木材学研究，乃是公器；即便家族投资，亦应广纳英才，事业方能蒸蒸日上。但这些亲戚在木材室大多时间不长，或者在战乱之中，投靠亲友，找得一个临时栖身之地，亦人之常情。惟夫人曹觉跟随唐燿始终。曹觉，江苏江阴人，1929 年江苏省立第一女子师范高中部毕业，1930

① 唐燿致张英伯，1941 年 11 月 10 日。

年与唐燿同在扬州任中学教员，两人结婚后，曹觉甚为支持夫君从事科学研究。唐燿回国之后来四川，在乐山安顿妥当，即将家人接来一同生活，并于 1940 年 12 月将曹觉安排在试验室工作。

研究生还有陈桂陞者，生于 1916 年，河南滦县人，1940 年西北农学院毕业，入木材室攻读研究生，然为时未及一年即离去。1944 年至 1946 在美国耶鲁大学研究院进修，1947 年回国，任教于武汉大学教授、系主任，南京林学院副院长，其专业主要在木材学和人造板研究。

二、主要研究人员

木材试验室在招聘相关研究人员之同时，主要是招收大学毕业未久，有意深造者为研究生，由唐燿自己培养，以应木材学研究之需要。然而招收而来者，有半途而废，没有深入下去而离开者；但毕竟还是有人坚持下来，成为试验室之中坚。其后，也成为中国木材学领域著名学者。

唐燿施教之方针是："凡技术人员应在工作中求个人之进展，为努力之方式。除负责有关工作外，均需依据研究计划纲领，草定详细工作计划，按月按季草就系统之报告，努力进行，始终勿懈，各年度所任中心工作，应力求完成之。"①这是抵达乐山之后 1945 年制定出来，或可谓下列诸位人员即是在其实施之中，得以培养出来。

图 4－7　何天相

1. 何天相

何天相为木材试验室招收第一位研究生，从事木材构造研究，1940 年 3 月 8 日到职，时在北碚。在试验室被日军轰炸被毁后，申请补助人员名单中有何天相，而此名单中，仅何天相一人跟随唐燿前往乐山，且与唐燿偕行，一同抵达乐山。

何天相（1916—1977 年），广东中山人，1938 年毕业于广东勷勤大学博地系。此时战乱，赴柳州广西大学任生物系教授张肇骞之助教，并任广西大学植物研

① 《馆厂工作规约纲领》，1945 年 2 月 12 日，四川省档案馆藏中央工业试验所木材试验室档案，160－01－0006.

究所技助。未久张肇骞转入浙江大学生物系，何天相也随之，旋回母校时已改名之广东文理学院任生物系助教。中工所木材室成立，张肇骞与唐燿系东南大学生物系同学，遂推荐何天相至木材室。何天相在乐山一年余，为时不长，留下档案记录也无多，仅有在试验室期间，按室主任唐燿要求每日撰写《工作记要》一册，此摘录如下：

二十九年

九月九日　上午草本室廿九年度出纳概算表，拟许多测验常识问题，与工友李荣海试验，彼能否可随往峨眉采集。下午如前，并起算以前个人经手之伙食账。

九月十日　登记川大林系送来木材标本，初注明其总登记数，交换标本总数，及在每块标本上抄写学名。

九月十四日　上午抄录《木材试验室自北碚迁嘉定旅程日记》。下午整理《中国木业概况》文献。

九月十六日　是日为农历中秋节，休息一天。偶阅 Tropical Woods 杂志，中有关于构造上之文献，望将来便于选择参考。

九月十九日　上午将郑万钧《四川峨边县森林调查报告》摘要一文阅读，后再加摘要。

九月廿九日　早请示读书、工作及制定登记图书文献方法。指点工友赵世清裁制卡片二千张，代复蒋菊川师来信。下午抄录中国木材学有关"中国造林选种"之参考文献。代致信蒋师、陈文先生，商量协助本室存港物件内运事。

十月七日　将美国海陆空军部等用"飞机构造上之木材"之散页文献作分类，列表详记。上午董碱定事务员，简朴充先生来，将前定做之家具单据及任家坝钥匙点交。前北碚事务员韩同一先生来访。日中来往于主任室。①

以上为木材试验室设于乐山最初一个之工作节录，起于 9 月 9 日，即在乐

① 何天相：工作纪要，1940 年，四川省档案馆藏中央工业试验所木材试验室档案，160－01－0019.

山开始工作之第一天,也作为试验室成立之纪念日。从何天相所记看,其入试验室虽已半载,但在唐燿指导下,仍是边学习边工作,为开展木材构造学研究作准备,此外还兼任一些试验室事务,如标本管理、图书管理、财务出纳等。此再摘录 1940 年 10 月何天相之《工作月报》:

> 读书方面:个人读书工作经唐主任指定学习木材之基本构造,以此基点对我国主要林木及商用木材之研究上傍助工作,如主要木材之植物分类学上性质,林地环境对树木生长之关系,木材学上详细性质及其研究,我国商用木材之认识等。因此个人须在木本植物分类学及木材解剖学两方面之文献同时作一普遍而深入之认识,以为准备。
>
> 标本管理方面:
>
> 一、国立川大林系赠送本室之木材标本凡 118 号,其学名原经植物教授钱雨农先生在腊叶标本上予以鉴定,本月 3 日唐主任作初步鉴定后,其结果:植物学名上钱氏之定名无讹者 98 号,定名怀疑者 4 号,定名修正者 1 号,定名错误者 3 号,待研究者 12 号。此批标本大致包括习见之木本植物,其中具有经济价值之商用材者,凡 35 种,次要者 8 种,皆分别以小纸袋装置说明,以备研究。至标本上具有特殊构造者凡 10 种,亦分别志明。
>
> 二、国立西北农学院林系赠送之木材标本将运嘉定,其腊叶标本约六十余号,则由王恺先生带来,一俟材料到后,即予鉴定。
>
> 三、外界机关送来请求鉴定之木材共 2 号,一为贵州之丝木,一为浙江之爆花树山油桐。①

《月报》不涉及具体细微琐事,注重总结,从中可见何天相对从事木材构造研究已有充分准备,知悉其中学理何在。此后一年中,则为掌握其方法,为唐燿之助理,从事一些研究。1941 年 11 月何天相离所,转赴时已播迁至粤北石坪之中山大学农林植物研究所,跟随蒋英。抗战胜利之后又往上海,入中央研究院植物研究所,此后一直从事木材解剖研究。1949 年调入华南农学院林学系,1980 年又调入中山大学生物系。长期主讲木材解剖学、木材构造与识别,

---

① 何天相:工作月报,1940 年 10 月,四川省档案馆藏中央工业试验所木材试验室档案,160-01-019.

植物解剖、植物分类学、木材标本管理及木材解剖学文献评述，有《木材解剖学》著作行世。唐燿在木材学中最为擅长构造学，此学科亦为木材室专长，故唐燿一直配备研究助理，何天相走后，由成俊卿接任，从头开始；成俊卿走后，则是喻成鸿，亦是新手，如同流水一般。

何天相在中工所木材室不及二年，但跟随唐燿而奠定其木材解剖学之基础。何天相晚年作中国木材解剖学史之梳理，将唐燿推为中国此学第一人，并言："唐燿老先生以其顽强的意志、刻苦的精神，开辟了我国木材构造的系统研究，还为国家首创了木材的科学试验机构(1939—1949)。唐老六十年来著述甚丰，诚为我国木材解剖文献的精华。"①可谓赞誉有加，其时唐燿尚在世；但其文却未作自我评论，则引以为憾。

2. 王恺

王恺(1917—2006 年)，字锡命，湖南湘潭人。1936 年 9 月入西北农学院森林系学习，1940 年 9 月毕业。王恺毕业之前从报端见到木材室招聘广告，木材学甚为契合其之学术志向，遂与唐燿书信联系，获得认可，于 1940 年 9 月到职，从事伐木锯木研究及调查森林资源。先看王恺致唐燿第一通函：

> 曙东主任钧鉴：
>
> 仰钦德望，未获亲承教益，尝读尊著，精邃宏富，敬佩不置。恺有志森林，在敝院森林学系学习，已满四载，时光易逝，转瞬即将卒业，而在此学习期内，对于森林利用，尤感兴趣。前兵工署以国内枪托用材缺乏，乃与敝院合组国防林场于宝鸡，从事核桃木之培植。恺因受教授之指导，从事陕省核桃品种之研究已近其年余。工作要点，乃在陕省核桃品种之调查，各种品种材质及生产速度之比较，种子理化性质之分析，包括种子重量、体积、比重、核仁百分率、味道强度、壳厚及油分之分析等均已获得初步之结果，惜该项论文正呈学校当局审核，未便径寄尊览指正也。然核桃利用研究，固属重要，但在我国今日林产利用之研究问题正多，所可惜者，缺乏研究之机关与设备，并少专家之指导耳。
>
> 先生我国林界先进，木材学之有数专家，教导青年，循循善诱，主持之木材试验室，想设备完善，故恺不端冒昧，拟在敝院毕业后(现毕业考试已

① 何天相：中国木材解剖学家初报，《广西植物》第 11 卷第 3 期，1991 年。

完），追随先生继续工作，以竟宿志。前曾将历年成绩单托杜长明先生传陈贵所顾所长鉴核，谅入尊览。如蒙不弃，给予学习之机会，俾恺得亲受教益，则幸甚矣。

专肃布肯，敬候福音。顺颂

钧安

后学　王恺　上　六月六日①

王恺就读于西北农学院森林系，该校设于陕西武功，前身为 1933 年设立之西北农林专科学校，校长辛树帜。1938 年该校与西北联合大学农学院合并，改名为西北农学院，校长仍为辛树帜。森林系主任曾济宽，教授有齐敬鑫、刘慎谔等。该系毕业生王恺成功获得木材室聘用，受其影响，其后几乎每年都有毕业学生前往乐山求职，1940 年毕业者除王恺外，还有陈桂陞；1941 年毕业者有柯病凡、屠鸿远；1942 年毕业有何定华；1944 年毕业有喻成鸿等，此类人员将在下文一一记述他们与木材试验室之关联。

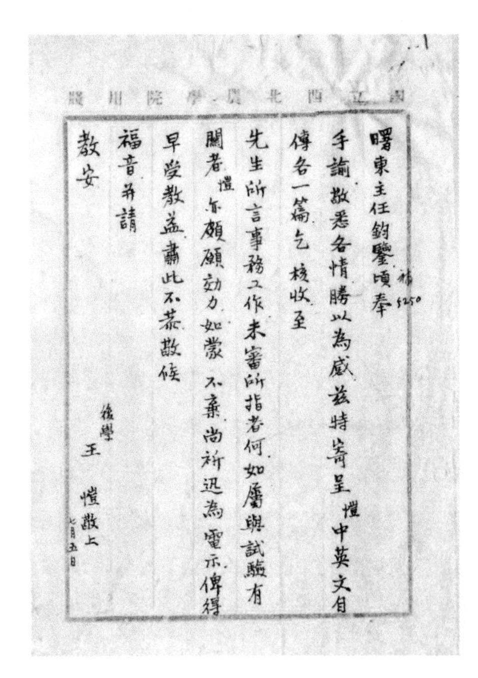
國立西北農學院用牋

曙東主任鈞鑒 頃奉
手諭 敬悉各情 勝以為感 茲特寄呈 愷中英文自
傳各一篇 乞 核收 至
先生所言事務工作未審所指者何 如屬與試驗有
關者 愷亦頗願効力 如蒙 不棄 尚祈迅為電示 俾得
早受教益 肅此 不恭 敬候
福音 并請
教安

後學 王 愷敬上 七月五日

图 4－8　王恺致唐燿手札

王恺立志甚早，在校读书甚为用功，甚得老师青睐。函中所言调查陕西核桃并予以研究，即在老师指导下，由其一人独立完成，并写出论文，发表在中国自然科学社出版之杂志《科学世界》②，王恺为该社社员。调查研究核桃，乃是为寻找适宜枪托之木料，故研究内容有一项木材材质之比较，由于缺乏仪器，仅是作相同处理，以得出结果相比较，如含水率比较、密度比较、收缩率比较、每公分年轮数之比较等。也许是王恺对此甚有兴趣，乃向

① 王恺致唐燿函，1940 年 6 月 6 日，四川省档案馆藏中央工业试验所木材试验室档案。

② 王恺：陕西核桃品种之初步研究，《科学世界》，第十卷第六期，1943 年。

往有测试仪器予以研究，即而联系中工所。在木材室尚未招聘之前，即请人向所长顾毓瑔投石问路。

此前在 1937 年暑假，王恺、陈桂陞等五名学生，在刘慎谔率领下，前往太白山采集植物标本。刘慎谔乃北平研究院植物学研究所所长，字士林。抗战爆发之前，该所在武功与西北农林专科学校合办西北植物调查所。抗战军兴，该所自北平迁此，继续研究。王恺跟随刘慎谔，获得野外考察经验。此次考察途中，刘慎谔致函校长辛树帜云："山内植物之丰富，不亚于江浙（指天目黄山），工作异常忙碌，随来之学生亦均能吃苦，每日仅吃白饭咸菜，然犹各能劳而不怨，亦属难得。"①对学生甘于吃苦耐劳，刘慎谔甚加赞许。而五名学生也联名致函校长，由王恺执笔，道出调查采集植物所获得之快乐，其云：

> 十九日随诸先生上山，沿途开始采集，由诸先生指示各种问题，颇多乐趣，抵嵩坪寺已暮色重重矣。以寺之附近植物繁多，至今日仍宿该地。每日黎明即起，由刘先生讲授植物学名及普通林农常识。早餐后，整理标本与笔记，午后上山采集。张耳汉水潺潺，虫鸟叽叽；举目奇花异草，相互映照，信可乐也。生等于校中，终日蛰居斗室，伏案功书，更有足加焉。而每日晚饭后，又得刘先生作人生指导。生等往日对于一切问题，扑朔迷离者，今得冰释矣。周先生亦能循循善导，谆谆教诲，生等诚不尽感激也。生等预于开学前，随周先生一同返校，同时藉以实习土壤、地质。余容后陈。②

此仅举调查研究核桃木和采集植物标本两例，以见王恺在课本知识学习之外，野外实习，获得诸多训练，已具一定基础，唐燿当然乐于纳入门下。按招收研究生要求，唐燿请王恺提供中英文各一份自传，并告知在试验室除开展研究之外，还要承担一些事务工作。王恺在呈上《自传》时，附言云："先生所言事务工作，未审所指者，如与试验有关者，恺亦颇愿效力。"于此也未计较。其时，试验室组建之初，仅有几人，研究人员，自然要兼负事务责任。至于王恺《自传》，乃是了解其人之重要史料，今录中文如下：

---

① 刘士林先生自太白山致校长函，《西北农专周刊》，第二卷第四期，1937 年。

② 太白山实习学生致校长函，《西北农专周刊》，第二卷第四期，1937 年。

余本家寒，世以清白相承，性不喜华靡。幼时，即助父母勤耕种，晨昏相继，未敢稍怠，家人因皆喜余。及稍长，奉父母之命，随闾里群儿入学，每日归，父严加督教，因是每期在校成绩均列前茅，渐得为族戚邻里诸人所称号。高小毕业后，父母又令余继续升学，以资深造。余家虽贫寒，然幸赖双亲克勤克俭，略有裕余；且母谭氏，思想新进，对于儿辈升学，素极赞同，于学校之选择，尤为慎重。时长沙私立岳云中学，办理完善，教学均严，乃令余前往应考，结果幸得录取。方余负笈赴省就学之时，每次离家前夕，双亲必再三叮咛，嘱余勤勉力学，尤重修德，方不负家人所望。时余虽年幼，亦颇深知国家之艰危，与个人处境之困难，非努力奋斗，不足以克服环境，而达光明坦途之前途。故入校后，焚膏继晷，日夜孜孜，结果每期尚得称优于同辈中。在该校就读六年，对于数理诸科特感兴趣，加以诸师长督教甚严，循循善诱，获益诚属不浅。

中学卒业后，以个人对于数理诸科之兴趣，本拟升入大学理工科，然目睹家乡童山濯濯，水旱交作，灾荒凶报，频传于耳。余邻居乃一木商，尝与谈论伐木、运材及利用等事，兴致甚浓。同时因同学石君之兄声汉先生，方自英归国，应国立西北农林专校之聘，谓该校经费充足，森林方面尤极注意，且聘有德人芬次尔博士(Dr. Fenzel)筹划一切，故余乃毅然随石先生就学该校。时校长辛树帜先生，对于同学之研究兴趣竭力提倡，野外实习，尤为重视，故所得良多。

嗣以抗战军兴，战区各校相继内迁，教部为集中教学计，乃将前北平大学农学院与本校合办，因是教授增多，功课更为充实；而余于平日所习学科中，对森林利用特别重视。前兵工署以国内枪托用材缺乏，乃与本院合组国防林场于宝鸡，从事核桃木之培植。余因受教授之指导，从事本省核桃品种之研究，比较其他品种材质之优劣，生长之缓速，以及种子之特性、油分之分析等项。工作已近年余，获得初步之结果。

然核桃品种利用之研究，固属重要，但在我国今日林产利用，尤其木材之研究问题正多，惟惜缺乏研究之机关与设备，并少专家之指导耳。前阅报载中工所新筹设木材试验室，研究木材之各种问题，由唐燿先生主持其事，故余不胜欣跃，宿志或将实现，乃毅然决然，请求加入工作，倘果能如愿以偿，则幸甚矣。①

① 王恺：自传，1940 年 7 月，四川省档案馆藏中央工业试验所木材试验室档案。

由此可知王恺家庭出身与其性格之形成，影响深大，求学乃是改变命运之唯一途径；虽未说天资聪明，但却刻苦勤奋；还有其对木材之兴趣由来，以及选择木材试验室之原因，且有“毅然决然”之决心，为学之道，莫若如是。有志青年，对唐燿而言，当属优秀，即发给王恺临时聘书，待大学正式毕业，即来试验室工作；且安排王恺就近在陕西采集木材标本等。王恺为之复函云：

图 4－9　王恺

曙东主任钧鉴：

昨奉手教及工所临时聘约，慰甚感甚！比即访谒敝院院长暨系主任，恳辞助教职务，其他手续，亦均办妥，兹特将应聘书奉上，即祈查收。恺欲于森林利用一途，有所建树，立志已早，今既待左右，而先生又极愿予以上进机会，自应益加淬励，以抵于成也。

承嘱就便采集陕西附近木材标本，原拟即日出发，唯采集区域甚广，用费必巨，所幸院中所存秦岭北坡木材标本甚多，均已正式定名。腊叶标本亦多具备，经商请林场主任齐敬鑫先生（号坚如），可让与该项标本七十余种。恺正从事整理（标本每种长六寸，直径则多系三寸许），为办理合法手续，尚希正式工所公函，即请寄下转交为祷。查陕西附近木材产区，除秦岭一处外，甘肃洮河上游及贺兰山西部森林，似尚无人前往采集木材标本。先生如欲采取该区标本，亦请早为筹划，速详示知，则我国西北主要林区之木材标本备矣。

恺来川既在九月，如有承嘱，尚能应命也。川陕交通甚为不便，标本运输费甚昂（由宝鸡运至成都，每百斤约需运费九十元，而院方所赠标本约三百斤，则至成都即需运费约三百元），未审先生尚有其他便利方法否？又《西京[①]木材商况》亦是需否要调查，请一并示知。恺来川旅费颇属困难，依尊示可提前一月支薪，祈即由邮局与木材标本运费一同汇下为感。

专此，敬叩

钧安

后学　王恺　敬上　八月二日

① 民国时期（1932—1945 年）西安市称为西京市。

由此函或可看出时年二十四岁之王恺，考虑事务甚至比唐燿还要周全，抑或唐燿事务繁多，尤其在试验室房屋被敌机炸毁之后，心思纷扰，且此时已决定迁室，事由多出；但至少可谓王恺身心投入已深，且心细如发，有办事之才。还有王恺虽然寄希望前往木材室，但在聘约签订之前，还是与学校议定留校任助教，毕业在即，假若木材室职务无望，不至谋职落空，此亦办事之道。

王恺于10月间来乐山，起薪自7月始，也许考虑其自武功携来一些腊叶标本，而木材标本则是托运而来，何天相《工作记要》有记。王恺抵乐山后，被派往峨边沙坪采集与调查，为时大约二月，得腊叶标本百余号。按唐燿要求，每位研究人员需要逐日记录工作或学习，后改为周记。王恺《工作记要》始于12月9日，此摘录若干，以见在乐山之真实情形。

一九四〇年

12月9日　午前举行本室第一届学术讨论会，恺报告"峨边之采集"，"中国木业公司概况"。午后整理采集账目。

12月10日　整理峨边采集逐日工作报告及林产。

12月14日　午前草拟"西京市木材之调查"文之首段，午后学术指导会，唐主任讲"木材构造之基本常识"。

12月16日　午前刘立本先生讲"木材之干燥"。午后，助主任列单关于征集木材样品及调查木业概况表。

12月17日　草拟"西京市木材之调查"，绘中国森林分布图，整理林产目录。

12月20日　午前指导木工制作陈列家具，并商运峨山标本事。午后赴城购买林产品。

12月23日　午前徐迓亭先生讲"木材之收缩"，午后整理林产目录。

12月24日　奉命随带张寿和进城购买林产。

12月30日　午前钟家栋先生讲"木材防腐剂"，午后，结束"西京市之木林业"。

一九四一年

1月4日　午前阅各项森林文献，午后主任讲个人研究经过及将来之希望。

1月6日　午前钟兴俭先生讲"木材力学试验"，午后赴武大借书并整理标本。

1月20日　函陈桂陞君来室工作，并汇款五十元，整理贵州之森林调查报告。

1月22日　赴乌尤坝检验木材标本，向木业公司交涉接收标本事，并验收标本。

2月1日　续鉴定沙坪标本。讨论会，主任讲"中国主要商用材大纲"。

2月5日　赴信诚火柴公司参观并搜集标本，供陈列之用。又赴大石桥纸厂，搜集标本材料。

2月7日　续草"西南森林之综合观察"一文，主任报告"本年各部工作计划"。

2月23日　整理木工棚，引导中国滑翔总会丁钊先生参观，并告渠选购滑翔机用料之途径。丁君极为感慰云。

3月4日　进城参加中华自然科学社会议，并听取曾昭抡先生演讲，但颇多疑问。

3月5日　助理主任分配本室工作，人员主要职务，协助王君设计干燥炉。

3月6日　午后虽主任陪曾昭抡先生赴附近各工厂参观，颇感于诸厂规模虽属宏大，然事前无详确之计算，对所需原料尤少考虑，是可憾耳。

3月7日　校对木材标本名称，监督泥工建造小型干燥炉，引导航空委员会施君参观并商谈该会购买木料事。

3月16日　与主任筹商本室址建筑事，结果拟将东岳庙戏台先包工修筑，继建办公室一座，完成后暂作宿舍用，并一面购置材料。

3月20日　草"小型锯木厂设计概要"一文中"劳工"一节中主锯工一段，深觉草写该文甚缓，盖既需先阅读国外文献，完全明了后，再反思吾国国情，且有多种名词，前人均未有翻译者，欲求已妥善之译名，颇费斟酌耳。

3月21日　午前听主任讲"木材学"，极感清晰，尤以针阔材比较一段。

3月23日　干燥炉原以不便锡限，乃试用生漆石灰，今日再试用，结果仍不能用，急待另谋解决方法，刻正与王家序先生详商中。

3月26日　与主任商讨草拟“小型锯木厂设计”一文，结果预将分段为单文，将各单文汇集，最后再完成该文。特拟将原文数节改为“论吾国锯木工学”，并增补多处，本日先将目录草定。

4月16日　草绘材床一图，甚觉名词翻译不易。午后主任训话，勉各同仁努力工作，并奉筹设本室建筑事。

4月18日　详读Cariaga之机械原理，然对Set work尚未明了，盖机械学知识深感不足也。

四月工作月报

1. 关于阅读者：读 *The Mermaid Saw and Cutlery Manal*，共20页；读有关云南之森林资料小册。

2. 关于写作者：“乐山木材之调查”一文初稿已正式草拟完毕，交由主任批改；继续草拟“西南天然林初步之综合观察”。

3. 关于陈列馆者：将已搜集之林产及标本重新作有系统之布置，俾便参观；将已搜集之林产品分别定其学名，以便研究。

4. 关于本室木工厂者：曾先后进城调查木材价格及供给之来源等，惟经计算，恐成本过高，有待另设他法；曾奉命陪同秦思礼先生赴板桥溪采购手榴弹柄料。

5. 关于讨论会者：出席讨论会，曾报告“西京及嘉定木材之调查”。

王恺到所半年，甚为忙碌，野外调查采集、撰写调查报告、看书学习、协助室主任唐燿工作、还有一些社会活动。以此亦可见木材室在乐山情形之一斑，由于具体，更易体会实况。但王恺担负事务不愿更多，甚至有意回避，而将精力集中于业务。1943年年初，王恺按唐燿要求，拟就本年工作纲要，有云：“奉命负责本室总务事宜，但恺来室主在作事研究，近似越俎代庖，不符本旨；然研究亦赖事务工作循轨渐进，为顾全并爱护本室着想，自当负一部分责任，但盼所耗时间不多耳。”唐燿本有安排专人负责事务，但未能觅得合适之人，即以王恺兼任。王恺直截了当提出，也见其学者本色。

3. 屠鸿远

屠鸿远(Tu, Hung-Yeuan 1918—?)，字凌秋，河南尉县人，1941年夏西北农学院毕业，1941年11月入木材室就职，担任木材力学、木材物理研究。

当1942年木材室与武汉大学交涉，利用武汉大学工学院试机进行木材试验已办妥帖，屠鸿远即参与其中。关于交涉过程见本章第六节。此摘录是年九月份屠鸿远参与力学试验之《工作记要》：

九月四日　上午送力学试验试材及天平、条锯、试验表格等至武大，后随主任至武大材料试验室，借得力学试验零件共十一项，交胡传聿先生保管，以备进行以后之力学试验。力学试验零件尚缺：1. Wood Loading Hock 上至铁接头，2. 做横压纵压用之铁板一快，3. 做劈开试验之 Cleavage grips 与 Testing amacrine 连接需特殊垫圈两个，各将其简图拟出，奉谕交胡传聿君及张定邦君进行木材韧性试验后，并试做静曲试验（试材大小为 2×2×78）一次。发现所用之 Deflowerer 与试机上之活动部分有不可避免之抵触情形。以后若将 Loading block 稍加高或可避免之。

九月五日　上午研究力学试验表格上计算"比重"之手续。下午继续草拟本室拟向本所机工厂订制之力学试机之规范书。

九月八日　上午与王恺先生至武大材料试验室（胡传聿、张志邦二君亦已前往），共同进行木材纵层试验。共做试材两件，时已十一时余。当时估计，胡张二人每日可做试材五件左右。下午将四号所做静曲试验结果在方格纸上画出，并计算其① 比例限度内之最大纤维应力及② 破坏量。

九月九日　今日上午继续草拟力学试机之规范书。下午由静曲试验（九月四日所做者）之 load deflection curve 算出其① 弹性量，② 比例限度内之工作量，又讨论关于收缩之问题。

九月十日　今日计算木材韧性试验之结果，得木荷在中心撞击时之工作吸收量为每立方 40 吋磅，最大者达 80，最小者仅 20，可知此等性质变异性之大。

九月十二日　今日绘力学试机之简图，同时厘定其大致尺寸。

第二年，屠鸿远主要从事木材物理试验研究，此再摘录其每日《工作记要》：

元月十八日　起草交通部材料司木荷、丝栗试材试验报告。

元月十七日　校木材之基本比重及计算出之力学抗强之结果。

二月十八日　连日均为 steaming 事等，而思利用原有钢炉失败后，即进而求其他办法，现因限于器材、仪器及个人之经验，仅就目前器物试验，因陋就易而已。今日用蒸法所得结果：① 温度99.5°；② 木材之长度，于steaming一小时，便显有增加；③ 木材之含水量增加之数目未如预期，其他均已勉符所望。

三月三日　唐先生召谈物理试验事宜，指示下列四点：① 试验记录册；② 记载卡片；③ 重要商用材比重试验之详密试验，首就乐山搜集材料起；④ 重要商用材生材含水量试验。上列①②两点，目前即可付诸实施；③点之困难所在，在材料之搜集方面；④点今年内可在峨眉附近举行之。

三月十三日　选重要商用材（硬材）包括静生及交换之标本，作比重试验，因木工不得空暇，未能完成。

三月十五日　起草工作周报，杉木试样已浸煮于水，但木炭仍未买回，炉干工作停顿中。

三月十九日　火炉已修改竣事，改用一较大之瓦炉，俾再次可多蒸几枚试样。试烧结果，一小时约蒸去水分600—700 CC，加水三千CC，约可烧一上午。比重试样又制出若干枚，即浸于水，测steaming前之收缩。

三月廿四日　上午主任召集训话，勉以“思想同一”“努力从公”为务。晚谕试样登记簿将已用之试样数目，木材名称一并填入。

三月廿六日　测静生补做试材之体积89枚，测经蒸汽处理之丝栗收缩试样之重量及长度十枚。与张君谈Borer之设计问题。张君拟于最近构图。

四月十二日　继续计算基本比重测定之结果，煮基本比重试样。上午唐主任召集开工作检讨会议。自八时至十二日止，分配工作及应举办事项。嘱兼理一部分文献工作，最后勉以“自尊自重”“各守岗位”“分层负责”。

五月廿五日　唐主任交编《习见木材手册》。

五月卅一日　招待Needham参观，校对英文本室概况及布置等。

六月十四日　将基本比重一文整理完竣，此项工作已经将月余，幸已获一段落。

六月廿九日　下午全室同仁在大佛寺公宴所座及张秘书等。

七月九日　协助分配力学试材，登记号码。

八月四日　进城赴文化印书馆校对《特刊》稿，已印妥十六页，尚存十二页左右。萧先生不在未谈结账事。印字尚清晰，惟纸质劣，不耐翻检耳。

八月六日　整理平衡含水量记录完竣，已求出各树种各试样之平均数。

八月十八日　对照川大赠送标本号码。因事请假进城一行。下午协助王恺先生整理天然耐腐性试验结果。

九月十八日　完成平衡含水量报告。测丝栗收缩试材炉干重。阅航空研究院《川产云杉之性质》，并与本室计算出之结果加以比较，显示：① 计算出之结果颇低于该室之结果 1/4 至 1/3；② 该报告内并未引用正当之统计方法，甚为减色。又比重与力学抗强之关系，错掉一位数（非印刷之错误，乃观念上之错误）；③ 专就一种木材详细研究，在国内（已发表者）尚属创见。

九月廿日　九日已为九月廿日，今后数月内有三个试验工作有待结束，而本组各组人员现已减至不可再少，影响进行之速度匪浅，尚希主任将工作分别轻重，予以适宜调整，是为切盼。

九月廿四日　测量基本收缩，测丝栗之炉干重量与长度。主任召谈物理试验今后之工作事项，谈及前所编之《常用木材手册》事。谈及所欲编手册内容，节目甚多，惟本手册之编纂，乃力求简明切用便利为重，其中记载已尽本室已得材料之充分利用矣。就内容而论，当不能以永久性之手册目之，惟一望即可知为供现时之需要者，其中如物理性质者，系基本比重、基本收缩外，余均为计算者，力学抗强亦为计算者，耐腐性质现有野外记载不过青冈等十种而已，干燥性质已往无记载，其他如胶等，均乏国内材料，如依所列目录编纂，大部无实际材料及数字，不亦太空洞乎？充之亦不过《商用木材初志》之改头换面而已。故定整之，Wood Handbook 之编纂在一切顺利之情况下，亦非五年后不为功。又一部分森林资源材料，编时未遑加入，如以为需要，增加一表足矣。以上一隅之见，未卜主任意见如何？昨日谈未及尽，谨补陈如右。

十月十一日　写《特刊》第三卷封面封底及本室著作品名录，计算木荷之含水量与缩率。

十月廿九日　测基本收缩，下午听唐主任讲木材学、木材三个切面与木材之生长，并观察木材三个面在显微镜下的构造。①

---

① 屠鸿远：职员工作纪要，1943 年，四川省档案馆藏中央工业试验所木材试验室档案，160－01－023.

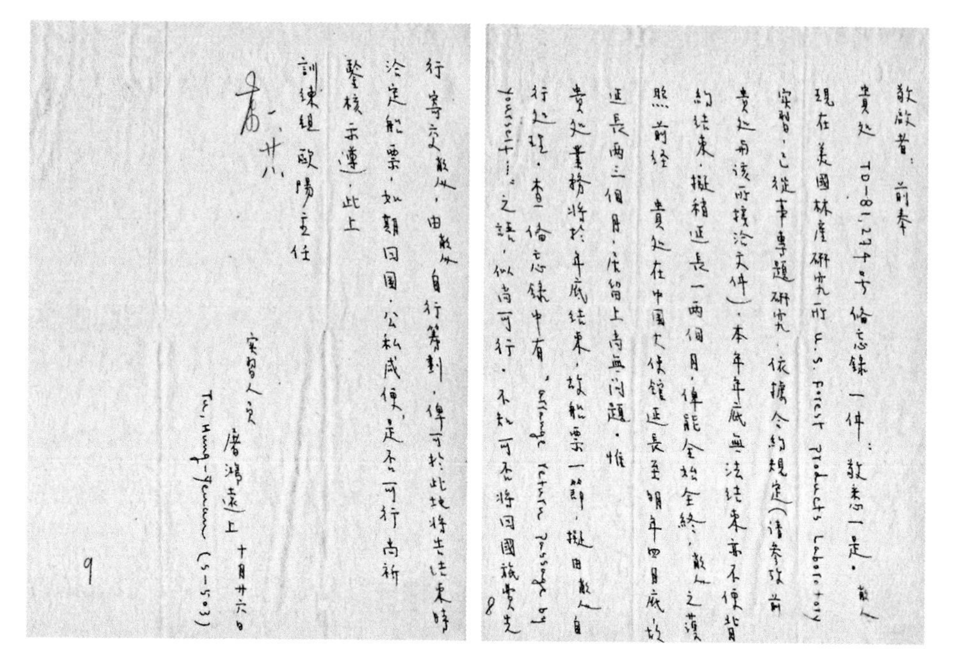

敬啟者：前奉

貴处 TO-81,274号備忘錄一件：敬悉一是。敬人

現在美國林產研究所 U.S. Forest Products Laboratory

実習，已從事專題研究，依據合約規定（請參考前

貴处所發所接洽文件），本年年底無法結束，亦不便背

約結束，擬稍延長一兩個月，俾能全始全終。敬人之護

照前經 貴处在中國大使館延長至明年四月底，故

延長兩三個月，居留上尚無問題。惟

貴处業務將於年底結束，故船票一節，擬由敬人自

行处理。查 備忘錄中有"arrange return passage by

[illegible]……"之語，似尚可行。不知可否將回國旅費先

8

行寄交敬人，由敬人自行籌劃，俾可於此地將告結束時

洽定船票。如期回国，公私咸便，是否可行，尚祈

鑒核示遵。此上

訓練組歐陽主任

実習人員 屠鴻遠 上 十月廿六日

Tu, Hung-Yuan (S-503)

唐 十、廿六

9

图 4-10 屠鸿远手迹

屠鸿远跟随唐燿治木材物理学，但不是一味跟随，而是有其思想。以上引其对航空研究所试验结果予以批评，颇能见出其治学求真理念。在唐燿嘱其编纂《常用木材手册》后，其从当时所备资料出发，认为编纂此手册不仅费时，且无多少学术意义，顶多是重复。而屠鸿远所在乎的是手下正在进行的几项木材物理试验，而试验室主任唐燿不分研究之轻重，而抽调其手下之人，而发出呼吁。此均说明屠鸿远有独立之思想。

在 1943 至 1945 年三年中，屠鸿远试验室《特刊》上先后发表三篇研究报告，即《乐山区木材平衡含水量之记载》（第卅三号），与唐燿合作发表《吾国西部产重要商用材及其材学简编》（第卅七号）及《国产木材收缩率之初步记载》（第四十一号）。在后文脚注中，屠鸿远写了一段哀悼同仁王华世文字，王华世参与其试验。其云："本文协助技术记录者，王君华世，江苏江都人，在本馆任职四载，沉默寡言，负责勤劳，不幸于三十三年元月八日病故乐山瓦厂坝，聊志数语，以资纪念。"王华世为唐燿夫人曹觉之表弟，病逝时尚为青年，殆缺医少药所致。盖其为木材室在乐山期间唯一一位因不幸离世者。

屠鸿远于 1946 年由经济部派赴美国实习一年，在美国林产研究所学习造纸。1947年11月年届期满，屠鸿远要求延长，获得同意。后转入华盛顿大学攻读博士学位，1952年毕业，其博士论文为 *Hardness and specific hardness tests of wood*.（木材硬度和特定硬度试验）。但此后即未回国，且终老于美。惟1980年10月受南京林学院副院长，也曾在乐山木材室工作之陈桂陞邀请，经国家科委批准，回国讲学一次。其时屠鸿远任美国 Evans 林产工业公司技术主任、全美硬质板协会主席。其在南林讲学三周，主要讲解美国及世界刨花板、纤维板发展状况及趋势。讲学完毕，回故乡开封探亲，曾至北京，往中国林科院木材所参观，并探望一同在乐山工作之老友。

4. 柯病凡

柯病凡（1915—1995年），湖北应山人，1941年西北农学院毕业，初至黄河水利委员会任技术员，1942年5月入中工所木材室，担任森林植物研究及调查。对于去彼来此，其自言云：

> 在天水黄河水利委员会陇南水土保持实验区工作，因初出学校，个性刚强，对于区内所设立高级人员应付不当，在工作及人事双重不利之环境下，无法继续下去，便于一九四二年六月投考中央工业试验所木材试验室之助理研究员，侥幸考取。[①]

图4-11　柯病凡

柯病凡报考木材室，系其西北农学院同学屠鸿远致函约请，于是毅然决然前往，而对原处不作丝毫留念。当然，木材室与柯病凡专业相近，且有学术前途，有赴美留学机会，也具吸引之原因。

柯病凡来试验室工作之后，渴望去野外调查，适有交通部委托木材室调查西南木材资源情况，木材室派出五支调查组，分别前往，柯病凡被委任担任其中一支。考察结束，唐燿撰写《总报告》，于柯病凡一支行程作这样介绍：

> 川康队由柯病凡担任，负责勘察青衣江及大渡河流域之森林及木业，注重雅安一带电杆之供应，及洪坝等森林之开发。曾就洪雅、罗坝、雅安

① 柯病凡：自传，1956年，安徽农业大学藏柯病凡档案。

等地调查木材市场，就天全之青城山勘察森林；复经芦山、荥经，过大相岭抵汉源，勘察大渡河及洪坝之森林，更经富林，由峨眉返乐山。行程 1700 余里，共历时 69 日。①

唐燿之《总报告》是在各小队报告之上编写而成，柯病凡率领之川康队提交三份报告，分别是《青衣江流域木业之初步调查》《天全之森林副产业》《天全青城山之森林》。此摘录柯病凡野外调查回来之后之《工作记要》，以见以上报告是如何撰写出来及其日常工作情形，始自 1942 年元月。

元月八日　上午唐先生指示国营林业股份有限公司创业计划草拟方法，并手示各章节之要领。以往曾草拟某林场设立计划书，因其范围过大，前数章颇难处理。午后，写完三章。

元月九日　继续草拟林木公司创业计划，今日完成第四章，并拟洪坝森林加工厂开办计划。旋唐先生命指挥工人栽植室前行道树。午后，唐先生召集全体训话，对业务及研究工作指示甚多，最后勉励全体同仁苦干。

元月十五日　继与承士林先生商酌林木公司创业计划书，其中关于西康部分材料过多。整理屠先生自川大携回之腊叶标本，号码预备打写一份，寄交方文培先生订正学名。

元月十八日　上午将西康采集之标本分别鉴定，予以名称，内有数种，因其变异甚微，未予种名。

元月十九日　川大生物系赠送之腊叶标本经三日来清理之结果，得悉第二批取回者有六四四份，交冯先生打写二份，并即交承先生寄往川大方文培先生鉴定学名。后至大佛寺植树，已于今日办理完善，遵从唐先生意，路两侧在植松树计二十株。由西康采回标本已于今日鉴定完善，惟装订标本用之嘉乐纸，室内尚缺，故无法装订。

元月二十日　木材工艺陈列表早已制就，并将所有欲陈列之木材制品分别装订，且已悬化学室之侧壁。惟表明各制品之标签，终因时间所

① 唐燿：吾国西南林区交通用材勘察总报告，《中国西南林区交通用材勘察报告》，交通部、农林部林木勘察团印行，1943 年 12 月。

限，不克绘制，今日特抽时间，用报纸绘制，其中一部，已填就品名用途等项。

元月廿二　木材制品标签本已制就贴妥，然王恺先生则以其不合乎规定，乃全部撕去，另以林产陈列馆标签印，用蓝色印制并加填写，分别贴于各制品侧，命木工加上光油，以免褪色。

元月廿五　抄写峨眉林场赠送之腊叶标本一二四号，其中一部分系邓纯眉先生所采，一部分或系以往郑万钧先生所采。采集号码由第一号至四〇六号，其中缺号甚多。

元月廿六　今日协助张寿和先生登记图标、模型及陈列品。因以往从未清理，且来年陈列品增加者为数甚多，故极繁杂，清理匪易。今日集中全力，仍只将会客室、事务室、第二试验室、主任室、第一试验室前之陈列品清理完善，并予以编号。此外复装陈列品总目录一册，以登记陈列品次目，以资完备。此项登记共分七项，即表格、图、照片、模型、地图、商用木材标本、其他。

元月廿九　本日统计腊叶标本及陈列品总数，并计算廿九至卅一年三年所中所增加之数占在北碚时之百分比数，腊叶标本计二二四七份，陈列品五二六份，二者在北碚时代均无一份，是以后来增加者均占100%。

元月卅　草拟天全伐木业之调查报告，并已赶写五节，惟伐木用具之资料已遗失，致不能继续下写，现正拟分函各木厂代为补齐。指导小工移植竹子五株。

二月一日　致函青衣江林管区黄主任及利发祥木厂，请其代为调查天全伐木业历史，木厂数、伐木用具等项，因系托人代作，故寄青衣江林管区特刊一份，以示酬答之意耳。

二月二日　与王恺先生商议做标本柜事，经多方商讨与考虑，决定仍照原来式样制作，但门板及隔板均改薄，且于每门内装卡片大小玻璃三块，以便将来在玻璃后面装入卡片。协助成先生登记病虫害标本。

二月十日　将西康腊叶标本分别登记于《标本登记总册》中，今日由八〇一号登记到八五二号。十时唐先生召集同仁谈话，报告赴渝经过，最后对全体同仁多所勉励。下午与邵先生整理唐先生携回之军用地图。

二月廿　草拟卅二年度本室中心工作年度表，我所担任部分，如采集调查、中国主要树木种属之研究、中国森林副产品之调查，以及主要树种造林性质的记载等项。

二月廿八　上午率张工到大佛寺附近采集标本，先指导渠采取数种，待其知道采集方法后，余即返室，草拟勘察日记。午后唐先生交来农林部亟需核桃木之产量、分布等材料，命从速答复。即与王先生商酌草拟办法，并搜集材料。

三月四日　与唐先生讨论工作纪要之写法，因系初写，故请唐先生代拟格式。随即借阅以往之报告，着手起草。午后与唐先生商酌植树办法及整理后面道路之方法。

三月十日　午后唐先生命拟具国产航空用材之分布产量报告，并领往图书馆指定参考文献。

三月廿四　清出主要商用木材标本一份三十二种，本室所出版刊物三份，登记编号后，送交承先生转送成都花卉展览。校对几种飞机用材之稿件。

四月三日　今日赴城购买林木勘察团调查用具，已购得伞两把，油布三方、小皮箱一个、公文包一个、至军毡仅王堂街一家百货店有之，售价一千三百五十元，经再三交涉，其价仍不少分文。

四月九日　青衣江木业调查一文，经唐先生指出不妥之处，今日即遵所示分别予以改正。

六月一日　迩来因经理伙食，时时须赴厨房监督，费时颇多，故正式工作进行较缓耳。

六月十二日　上午校对湖南分队勘察总报告，下午出席学术讨论会，报告青衣江流域之勘察经过，分作四节报告：即青衣江之范围、地势、森林之分布、蓄积及特用树种等。

六月十四日　奉主任谕检出核桃木之调查及航空用材之调查两文，交马先生缮写，一同送《农业推广通讯》发表，近来因黔桂分队之调查报告来到，其格式似较原定者为妥，故唐先生复命再草川康队总报告。

六月十九日　草川康队勘察总报告，今日完成青衣江流域之电杆供应问题。午后出席学术讨论会，屠先生报告本室物理试验之结果及以之计算之力学抗强。屠君述以往国内对木材物理及力学研究情形及所发表之文献，次述木材之比重及计算力学抗强之方法，最后则分析所得结果并与外界发表者加以比较，约二小时始毕。

七月二日　午后梁仁凤场长来此参观，并拟与唐先生商酌合作采集之事，因唐先生去峨眉山未遇，拟谓即将赶返峨眉等候。

七月六日　曲仲湘先生今日特来拜访唐先生，旋与谈及渠江上游万元、通南之森林，由渝前往所需时日，拟谓行程时间即需一月，且该地森林极为零碎，所产木材均系柏木，多为乡间农民零星栽植，殆秋后农闲之时，即伐采运售云。旋又将今年在嘉定近郊采集之腊叶标本，请其代为鉴定，至午始毕，乃留其午饭。

七月十七日　上午因病请假半日，进城诘医诊断。午后出席学术讨论会，由成先生报告我国主要林区之分布及蕴量等。

八月十一日　唐主任近拟编纂林木勘察团总报告，对各林区之森林及木业加以概括之叙述，今日即协助草青衣江部分。

八月廿九　草九至十二月工作计划及分月进度表。因鉴于以往杂务过重，影响研究工作甚大，致使心神不定。回忆来所年余，虽挂名学植物分类及生态，徒挂虚名，而无其实。考其原因，实由杂务多而杂，加以本人不善于应付事务，且亦对之无甚兴趣，杂务愈多，愈增加无限的苦恼与烦闷，因之年来虽终年忙碌杂务，而无一所成，此盖志趣及能力使然耳。由上种切及本月十八日主任面允自下月起多做研究工作，以半日受指导作惯常研究，半日自由研究为主。草拟四月研究工作，希能核准，并付之实现，则甚幸矣。

八月卅一日　兵工署廿一厂购置科曹科长来此参观，当即领至各处参观，并逐一说明。渠对本室工作甚感兴趣，购特刊全套，合计洋一百零六元，已交曹觉先生，此外曹科长尚询及购买核桃木之区域，并云该厂采购此料甚为困难，现在陕西汉水及嘉陵江上游采购，然后由该二河运输，且云西北核桃木材质较南方产者为佳。

抄录柯病凡之《工作记要》如此之多，实其记录甚为详细，不仅反映其本人在试验室工作、学习状态，藉之还可知悉试验室之情形。柯病凡被安排研究植物分类学，负责管理试验室之腊叶标本，野外则调查森林，采集标本，涉及木材应用。但是，其实际工作还有木材陈列室之管理、协助唐燿起草文稿、试验室工作计划等，甚至还有美化环境、管理食堂等事务。从摘录《纪要》开始部分，为其来室不久，柯病凡还乐于承受，但在满一年之际，感知学业无所成，乃向唐燿提出要求，得到一些改善，1943 年年底，总结前一个季度之工作云：

当九月中旬，唐先生为使研究人员之工作趋于正轨，并提高工作效率，曾分别召见各研究人员，面示工作计划，并命草拟工作分月进度计划。彼时病凡奉命编纂中国主要森林植物属种之检索表，及整理峨眉山腊叶标本千余份，期于年底完成。十月初旬，即本预定计划积极进行，嗣后因编天全伐木工业之初步调查与整理洮河流域木业之调查及校对文稿，监制炭窑，协助烧炭等等，致原定工作，未获预期结果。病凡深知是项工作之重要，平时未敢片刻放松，总计腊叶标本之整理已完成六百余份，约及原数之半。主要树木种属之检索表，针叶树亦全部完成，阔叶树已进行至壳斗科。

总体而言，柯病凡对其在试验室研究工作甚为满意，于唐燿予以之指导时有赞誉，1956年其言："该室由木材专家唐燿先生主持，设备完备，而唐氏治学严谨，领导有方，颇与我志趣吻合。"1943年以后，柯病凡专心研究木材之鉴定、木材物理及力学性质、伐木及锯木工业等；但由于经费过少，未能随心所欲。

其后，留学美国机会来了，木材室之王恺、屠鸿远先后通过考试，被中工所选送美国深造。柯病凡一方面从事研究，一方面加紧学习英文，但留学考试失败。出国已不可能，便埋头研究，希望在学术方面有所成就。

柯病凡之学术成绩，中工所所长顾毓瑔甚为重视，特致公函教育部学术审查委员会，推荐参加教育部设置学术奖项评审。其函云：

迳启者：

查本所木材馆副工程师柯病凡，不畏艰险，深入人迹罕到之区，就西北部之秦岭、小陇山、西南部之青城山等处之天然林，天全之伐木工业及青衣江流域之木业，从事实地勘测，历有年所，得资料详加分析，著为专报，对于我国林业之开发，颇有贡献。兹特检同所著有关"西康及陕甘青之森林与木业"论文四篇，随由奉达，敬请查照，惠予审议，并予以奖励为荷。

此致

教育部学术审议委员会

所长　顾毓瑔　卅六年五月①

① 顾毓瑔致教育部学术审查委员会，1947年5月，台北"国史馆"藏教育部档案，019-030902-00018.

教育部学术审议委员会请李寅恭、姚传法、齐敬鑫三位专家为之审查，不知审查意见如何，但最终未获任何奖项。与此同时，唐燿以自己名义，为自己申请，却获得应用科学三等奖。从公布获奖情况看，该奖项设置名额甚少，一个学科若获得一项，已算幸运。木材学既有唐燿获奖，就不可能再有他人入选之可能。

抗战胜利后，木材馆准备随中工所还都，柯病凡请假回家探亲，或以为探亲结束即顺道赴南京。在老家几月，其父所任校长之应山县中，缺乏数学教师，还让柯病凡代课几月。而木材馆决定尚留乐山，唐燿来函将其召回。回到乐山后，经费更是拮据，1947 年 8 月乐山中学缺少教员，该校校长李至刚商讨唐燿，遂被派任生物学教员一学期，以此亦可维持生活。翌年初，因木材室发放工资已有障碍，不少员工离去，此时安徽大学成立农学院，拟开展木材学研究，邀柯病凡前往，遂辞去工作五年有半之木材试验室，而赴安徽安庆，参与林学院之教学与研究，于 1948 年 2 月成行。

5. 成俊卿

图 4－12　成俊卿

成俊卿（1915—1991 年），四川江津人。据其自述，生于 10 月 8 日，父系自耕农，有三位兄长，其三岁父殁，依母及长兄生活。五岁入小学，不数载，长兄病故，于是二兄、三兄辍学耕种，其则继续读书。放学回家，即助母亲及兄长做田间工作。家中一年所获结余，仅够送其一人读书，由中学到大学，直至 1942 年夏毕业于四川大学农学院森林系。

毕业之前，森林系主任程复新得木材室主任唐燿之函，请为推荐新毕业生去木材室工作，成俊卿遂被推荐来乐山。木材室因上年年底何天相去职后，需要一位从事木材构造研究者，成俊卿于 8 月底到室，即从事是项研究。

成俊卿工作自 1942 年 9 月开始，初来之时，唐燿吩咐从事一般性试验室、标本室管理事务，均应付绰绰有余，可见其在川大学习已有良好之基础；但亦有未解之学术问题，其云：“乘主任授技专学校木材学之机会，一方面参加听课，一方面准备材料实习，获益颇多，有数问题，前所未解决者，今不期而了解。”①然为时仅月余，即告假回乡省亲一月，至 11 月 20 日返回，继续工作。翌年元月开始，

① 成俊卿：《工作月报——三十一年九月廿一至十月廿》，160－001－0022.

按唐燿要求，不仅撰写《月报》，还逐日撰写《工作记要》，摘录如下：

一月四日　在室以往及将来之工作：1. 事务：管理本室木材标本、管理本室木材标本文献、登记木材标本、管理构造室一部分财产。2. 研究：木材构造。上年已完成之工作，木荷及丝栗纤维与导管平位之测量及报告草拟，本室针叶木材之测量，本室木材标本属名卡片之抄录及标本之统计。

一月六日　督促工人搬运标本架，并清洁标本，依英文字母排列科名卡完竣，此后只加缮录矣。

一月廿五　清理新旧切片数目，旧有1 222张，新有328张，清理构造组财产并抄录清单，本室木材标本清理完竣，共有6 264号（本室所采标本649块，木材菌害标本86块）。

二月五—七日　阴历年休假。

二月八日　鉴定紫荆、檀木并记载其在肉眼下或扩大镜下之特征。

二月十日　听唐先生训话二小时。

二月廿日　试作嘉定市场商用木材检索表。唐先生临时谈话，分配工作。

四月十二日　上午开三月来之检讨会，下午木荷纤维计算。

四月三十日　对正川大生物系赠送木材标本号数，开列交换木材标本名单。

五月四日　写切片名签80张，检出16种木材切片，每种5片，寄往中工所消费合作社寄售。登记川大生物系木材标本。

五月五日　清理本室历年来寄出与收入之木材标本数目，并登记之，寄出636号，收入479号。

六月十九日　写切片名签20张。清水江林区面积统计。开学术讨论会，屠君鸿远报告木材基本比重试验结果。

八月六日　录森林植物分布卡片记载，其学名之来历分布等，然后置于“中国重要树木”各文夹中。

八月廿日　抄《湘桂粤汉两铁路间枕木供应》一文。赴气象测候所，录卅一年至本年六月之温度与相对湿度，未得结果而归。

八月廿六日　校正《林木》文稿，天然林面积统计，赴《诚报》印刷处交印《林木》。

九月二日 去年今日正式报道工作。

九月十七日 主任指示今后工作方针及森林文献卡片分类法。关于前者,准允每日(可半日)抽出一部分时间看书、译书,且特注重于名词之解释。至后者则规定每星期三及星期六编卡片一次,特志于此,以期不忘。检切片一套寄兵工署,计 49 种,每种 1 片。

十月一日 登记武大生物系赠送之木材标本,是项标本系去年上季送到者,其名称将来应至该校查阅及自行鉴定之。又该标本总登记号系自 7 201 号起。

十月十六日 检视冷杉切片。听唐先生演讲——木材学。纹孔部分并看冷杉切片,借此机会对于木材构造自有更进一步之了解。

十二月十七日 清理切片,依次排列,以便取用。云杉径切面图。技专校来此实习。分离杨木灰、水青树,比较二者之区别,前者有导管纤维,后者为管胞,但形较大且短,内纹孔亦多耳。

十二月十八日 学术讨论——樊报告木材化学防腐,郑报告干燥炉设计。

十二月二十一日 工作季报。协助陈列,抄材色说明。主任面谕陈列项目及有关事项。

上为成俊卿一年工作大致情形,其中特为强调其九月一日为其来试验室一周年。对于个体而言,一周年为研究生涯中重要节点,自然要回顾总结,看如此发展下去,是否能将学问做大,最终实现自己理想。但是在 9 月初,成俊卿对其一年工作作如是总结:

民国卅一年奉主任函校征求及程师复新之介绍,乃于同年九月一日正式到室工作,迄今刚届一载。以愚鲁之资,公然能在中国木材专家(闻尤特长于构造方面)唐主任指导之下,从事于木材构造之研究,衷心颇慰。检讨过去,策励将来,兹分别略述过去之工作及将来之期望如下:

过去之工作:去年九月初至今年八月底。

1. 木纤维长度之研究:该报告正在拟草中,因手边少于参观书,而一部分材料又系旁人所测定者,故草拟报告比较困难,结果是否可靠,恐亦成问题。

2. 统计本室木材标本。

3. 排列本室木材标本科属表及中外标本数目表。

4. 鉴定嘉定市场商用材：原来计划继续鉴定中国各主要市场商用材，后因其他工作而停顿。

5. 协助木材切片：此系有继续性之工作，已成切片有1 520张。

6. 统计中国天然林之面积：系就本室所有森林资源参加而统计比较者，尚在继续中。

7. 有关森林文献卡片之编制：凡有关森林之刊物系数编制卡片，必要时更新摘要，以便查阅，亦系有继续之工作。

8. 中国重要森林植物卡片之编制：包括名称、定名年月日，首先登载之刊物与发布等项，已有一部分，尚待继续。

9. 登记木材及病虫害标本：仍有继续性者。

10. 译Racerd：Timbers of North Jeneice Part Ⅰ，此系公余自修时进行者，故进度甚小，已成者不过十之一二。

将来期望：综观过去工作中虽有不少有关木材构造上之研究工作，然总嫌琐杂，至对木材构造之主要研究工作未能进行（如中国重要木材之解剖研究鉴定，穿孔卡片及显微照相等），故在此一年中虽不能抹杀事实，谓为毫无进步，然毕竟进步太微，距离计划过远，而无若何成果表现。于平时师友信札往还中，时常询及在室研究之成绩，不敢自欺欺人，愧未一对。今所期望者，恳请主任本于初旨及以往个别训话中之诺言，允予半日自由参考与研究有关之书籍，半日致力于真正之研究工作，多多分配时间，切实指导进行中国木材之研究（解剖、鉴定、穿孔卡片等），则公私幸甚焉！①

成俊卿到室，不仅是继何天相之后，从事木材结构研究和承担木材标本管理等日常事务，这些均为当然；但由于木材室人手不够，唐燿还吩咐其从事木质纤维研究，此为上年钟家栋所遗留未竟之工作。如何处理，颇让成俊卿为难；再加上事务性工作太多，拟定专门从事之构造研究则甚少。我们再回到先

① 成俊卿：工作计划，四川省档案馆藏中央工业试验所木材试验室档案，1943年9月。

前摘录《工作记要》之九月十七日，“主任指示今后工作方针”，并将主要内容写出，“以期不忘”。之所以有此，是希望主任唐燿在阅读《工作季报》之后，对其工作安排作出调整。《工作记要》唐燿也是要逐条批阅，成俊卿“以期不忘”，并非是期望自己不要遗忘，而是提醒唐燿不要忘怀。还有成俊卿管理构造室财产只是一半，另一半当是唐燿自行管理。唐燿精通之专业正是木材构造学，而此时其深度介入木材力学，指导多位年轻人从事研究，且还要处理杂乱之试验室行事事务，并撰写普及性文章；为何不将构造学完全交付于成俊卿，难道是有保守倾向，不得而知。

由上分析，可知成俊卿与唐燿之间有隙，幸好有机会向唐燿提出自己研究学术之期望。前述柯病凡时，也是在《工作记要》中提出，或者是年轻人私下议论之后，均为大家所采用。成俊卿经此巧妙提出，始得如偿初愿，请看其第二年工作情形：

1. 研究针叶材在显微镜下之构造：夫木材之鉴定不外根据其通性，扩大镜下及显微镜之特征而判其科属种，内中以最后一种特征最难认识与叙述。奉命试行先就针叶材每属中择一种，记载其特征，并绘草图，俾资对证，将来技术进步，认识清楚后，可作科属之系统解剖之研究。查是项工作系学木材构造者之主要工作，室中标本丰富，切片完全，而主任更专精斯道，在彼领导之下，惟望工作想来不致毫无所得也。

2. 中国商用木材检查表：此系用扩大镜之鉴定木材者，与前一项正相配合，所有树种系根据唐著《中国商用木材初志》所列举者。

3. 中国天然林区面积统计：根据本室所收集之刊物，缘河流而记载各森林之面积、蓄积量及待采量，以期明了吾国天然之大概。

4. 森林文献卡片：根据本室搜集之刊物，凡有关于森林资源木材副产品、林产工业及森林问题等，悉制卡片，分别归类，以便查阅，切按其重要性而附摘要，共计有五十五张。

5. 翻译 Racers-Timbers of North Jeneice Part Ⅰ，以为将来《中国木材志》之构造部分之材料，已成者有木材之气、味、色、纹、孔等节。余则在进行中，初稿多已完成。

由此可知，此一年中，成俊卿之工作已如所愿，但仍未满足成俊卿对木材构造学之求知欲望,但其对唐燿仍抱有期望;由此亦可知成俊卿之学术兴趣,非仅为通过木材构造学掌握一般树种之鉴定,而是以此为切入点而进行树木之分类。此前唐燿在耶鲁大学之博士论文,所作金缕梅科研究即属此,所以成俊卿认为唐燿有真学问,愿跟随之。

但是,1945 年 7 月成俊卿却离开试验室,其自言离开之原因:“因不添设备,无发展而离所”;又言“因经费不足,物价仍然上涨不已,一则工作不能展开,二则生活无法维持,仍至遂宁高级农校任教,生活较佳。”①不知何故,此时国家级中工所木材室之境地不如一所中专学校?不过,若成俊卿在此可以传唐燿之衣钵,也决不会去农校任教。

1946 年成俊卿考取自费赴美留学,为办理出国留学手续方便计,于 1947 年 12 月赴成都,在四川农业改进所工作半年。其迟迟不能成行,系未能筹得赴美旅费,后将家中其名下之祖产变卖给堂兄,并另贷了一些款,才凑足旅费。而在美费用则靠课余打工所获。关于此,其自述云:

> 一九四六年考取第二届自费留美,无款可筹,直至一九四八年春,乃归家变卖一九四四年所分得的祖业(时二兄尚在),并另外贷款,买得计第一次(九百元)外汇出国,所余之款,则交友人刘两如用以买以后的外汇,但未代办。故至美四个月后,即开始一面工作,其苦状与精神上之痛苦,不能形容得出。一年半后,领美救济总署生活费一年,但仍未放弃工作。所得之款,均用在购买书籍。②

成俊卿在美入华盛顿大学,前后三年,1951 年春获硕士学位,其硕士论文为:*Anatomy of Some Important Timbers of South China*(华南几种重要木材之解剖)。毕业之后,即急于回国。其时,回国路线是途经香港,但英国领事馆刁难,故迟至是年秋才返回。此时之中国社会已经过翻天覆地之变革,或者成俊卿在美时,已受昔日木材室同事,时任安徽大学之柯病凡之约,故回国即往芜湖之安大,任副教授。1956 年 8 月调任中央林业部林业科学研究所,任研究员,木材工业试验室负责人;1958 年 10 月林科所改组为林科院后,长期担任材

① 成俊卿:自传,1958 年,中国林业科学研究院档案室藏成俊卿档案。

② 成俊卿:思想改造检查笔记,1952 年 8 月 23 日,中国林业科学研究院档案室藏成俊卿档案。

性室主任。出版专著多部，尤以主编《木材学》最为著名，为中国第一部木材学权威专著，1987年获中国林学会首届梁希奖。

1991年成俊卿去世，去世之前，写下遗嘱："全部财产及我的著作由中国林业科学研究院木材工业研究所负责整理，并交给材性试验室。同志加友谊，胜似骨肉亲。"①成俊卿终身未娶，去世之后将平生所有一切均捐献给材性试验室，或可谓其一生献给木材解剖学。

图4-13　成俊卿

三、管理之方

木材学在其时之中国为新兴学科，大学未开设木材学专业，故木材试验室招聘而来人员，大多为理工科毕业者，对于木材专门知识尚少根柢，必经训练才能入门。按唐燿对木材学之理解，习植物学专业者可以从事木材鉴定、木材结构研究；习森林利用学者，可从事森林资源和商用木材调查；习昆虫学、植物病虫害者，从事木材防虫防腐研究；习化学者，从事木材防腐剂或木材化学利用研究；习物理学者从事木材干燥或木材力学试验；习机械工程者，从事对木材锯刨切削等工具设计。按此理想招收大学毕业生，由于所涉广泛，最终也未全部招得适宜者，仅在木材构造学、木材资源调查、木材力学等学科培养出人才，前述主要人员即属此领域。至于其他学科，由于种种原因，不是人才难得，即是受经费设备限制，难有建树，或无从开展，此亦与唐燿本人亦非全才有关。

除此之外，还在于木材试验室设处乐山，远离试验所，远离都市，其外部可利用之资源实在有限；再加上国家处于战争状态，社会动荡，经济薄弱，给试验室带来许多不稳定因素。因此之故，木材室人员流动过于频繁，那些浅尝而止者，终未进入木材学领域；唯有几位坚守者，经唐燿培养，而成为试验室的中坚；即便在试验室工作时间较短者，但已奠定其木材学基础，当流向在其他机构后，还是从事木材学研究，且终身从事，成为中国著名木材学专家。那么唐燿是如何施教，从本书此前对主要研究人员记述时，均有所涉及。此就所得史

---

① 成俊卿：去世遗嘱，1991年11月25日，中国林业科学研究院档案室藏成俊卿档案。

料，再从其他角度记述一二。

1. 试验室学术研讨会

唐燿对试验室木材学诸项研究，大多先制定方案，招聘而来年轻人在其指导下按此方案从事，还开列参考书籍，指导阅读，若为外文，则鼓励翻译成中文；除此之外，试验室还不时举办讨论会，藉相切磋。全室研究人员或者不到十人，大约每月召开一次，由一人就自己从事工作予以报告，或唐燿作学术讲座，由此形成学术氛围，且一直遵守。在此接受唐燿训练，大多后来成为中国木材学专家者，即得益于唐燿所设计这套制度。此研讨会制度自1940年11月开始，至1944年年底，共进行30余次。

初到乐山，大多年轻人尚处入门阶段，此时讨论会由唐燿就木材学以专题形式作学术报告，所讲题目有：木材之基本知识、木材构造名词释义、木材研究在国内外之进展、国外科学研究于实业研究之鸟瞰、中国商用木材、木材之鉴定、材性与用途、卅年度工作计划草案、本所木材室两峨之采集、木材干燥浅识及乐山木材堆积法之检讨、木材之收缩、木材之防腐剂、木材之力学性质试

图4-14 唐燿与王恺

验之进行、中国商用木材之鉴定、人工干燥炉之种类及本室之设计、重要森林植物之鉴定，木材之化学等专题。除学术报告之外，唐燿也曾作《治学、治事与做人》这类训话。

年轻人研究开展以后，亦有心得，即请在学术会议上予以报告，唐燿点评，大家研讨。前所引诸人《工作记要》均有参加学术研讨会记录。从柯病凡《纪要》所记，屠鸿远主讲那次会议，开了二个多小时，可见讨论甚为热烈。学术交流在治学过程中甚为重要，其时几乎没有社会层面上学术会议，故试验室自己之研讨会就更为重要。

研讨会这一制度安排一直在延续，大约在 1944 年年底，木材试验馆就年底召开研讨会事，给《中工所通讯》写有一则报道。其云：

> 年终将届，学术空气仍未稍减，十二月份内，曾举行学术讨论会两次，一时新到各研究及工程人员，大显身手，各就研究心得，报告讨论，计有夏进珂之薄木与胶板，张定邦之木工手工工具，郑桢探之人工干燥炉，樊文华之木材化学利用，报告以后，由与会人员纷纷提出询问，并由唐主任主持批评，一时会场空气至为紧张，颇有英国下院议会之风云。①

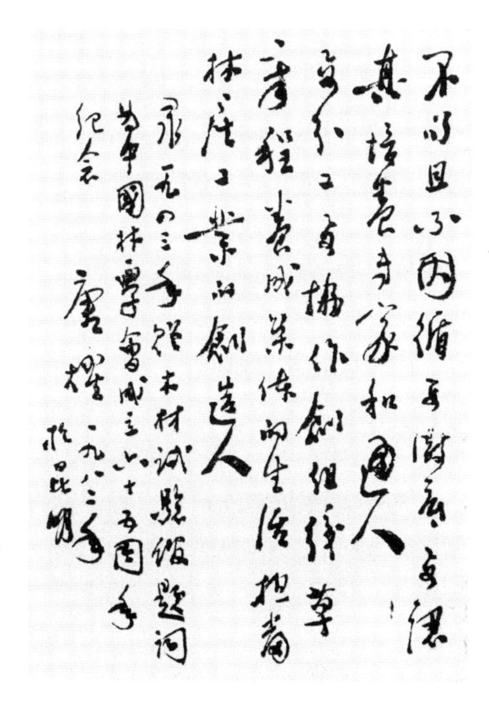

图 4－15　唐燿题词

此时先前主要研究人员如王恺、屠鸿远等已离去；主要报告人员都是新来者，其之学术造诣较前人为差，令唐燿不满，严厉批判，故有紧张气氛。在十几人之试验室，营造出学术氛围，实属不易。在迁乐山一周年时，唐燿写了一段这样话："不苟且，不因循；要

① 张金堂：嘉定近讯，1945 年 1 月 11 日，四川省档案馆藏中央工业试验所木材试验室档案。

彻底，要认真；培养成专家与通人。要分工，要协作；创组织、草章程，养成集体的生活，担当林产工业的创造人。”此即是鼓励木材室之年轻人，也是唐燿鞭策其自己。在一次同仁训话会上，唐燿述本室今后应努力方向及工作项目时，引其时《大公报》一篇“工业化之道路”社论，来阐明工作之目标，而提出科学中国化、民众之科学化及生产之科学化三个目标，以此作为同仁之最终目标。

当然木材室这个团队也有轻松愉快的时候，《中工所通讯》有这样一则报道：

> 新年伊始，万象更新，于六日举行工作检讨会，各同仁早已成竹在胸，各就本位检讨过去，并陈述本年度计划，宏论滔滔，至晚未绝，唐主任心花怒放，决定次晚“牙祭”，“言从口出，菜从口入”，不亦快哉！七日“牙祭”既毕，乘兴召开联欢会，“花生与瓜子齐飞，橘柑共炭火一色”，余兴开始，众小姐颇有遁意，经遣将拘回，顿使会场生气勃勃，从“祭陵碑”到“上战场”，中西合璧，应有尽有，十时始散。①

木材室员工最多时也仅十余人，但并不因人少，而采取靠人员自律或口头管理模式，还是订有一系列规章制度、办事细则，1940年即形成了《工作人员暂行规约》《研究人员须知》《工作记要、月报及讨论会简则》《分组暂行办事细则草案》《出差请假辞职条例》《财产登记须知》《文件登记须知》《标本登记及检查须知》等。

唐燿施教方法如何，从有限材料来看，如每人逐日撰写《记要》及《周报》《月报》《季报》之类可知，首先明确每人学科大致方向，并承担该学科研究任务，在实践中学习，是最为有效之方法。几乎每项课题，唐燿均为参加，由其设计研究方案，跟随者在研究过程中，明白研究内容、采用怎样技术手段，如何查阅文献，边学习、边试验、最后由跟随者撰写研究报告，经唐燿反复修改，方才定稿，投至报刊发表，或在《试验室特刊》登出。如是，几年之后，文章不断，声誉渐起。这些文章，并不是都署有唐燿之名。

需要指出的是，跟随者研究方向虽为唐燿为之选定，但并不为唐燿所坚持，也许是木材室人手太少，往往临时安排其他研究任务；可贵的是跟随者自

① 张金堂：嘉定近讯，1945年1月11日，四川省档案馆藏中央工业试验所木材试验室档案。

己却能坚持，并向唐燿提出，方才如愿，柯病凡是这样、成俊卿也是这样。

2. 撰写日志月报制度

本书前所记述木材室主要人员时，曾大段引用各员之《工作记要》，以见各员之工作大概、学习内容，假若没有这些，无从知悉这样细节，知悉唐燿对各员所作培养之点滴。每人每日撰写《工作记要》制度，一段时间之后，交唐燿过目，并签字认可，存于档案；故每人每日须有工作内容，均不敢苟且；也使得唐燿对每人工作、学习、甚至思想状态均有掌握，出现不良状况，即予以批评解决。也许这种监督制度对有些人过于苛刻，或者唐燿又有些偏执，予以批评，产生不快之后，即自行离开，且散布怨言。但工作时间较长者如王恺、柯病凡、成俊卿等，始终以唐燿为师长；或者有人认为他们能忍让，其实容忍也是一种美德。假若他们不容忍，其学术研究则未得唐燿指导，或者会影响其后之成绩。何况他们并非一味忍让，当唐燿许诺不能兑现，即为提出，亦争得一些权益。关于此，在记述王恺、成俊卿时，已有记述，此再摘录张定邦者之《记要》，写于 1943 年。

> 五月十四日　请示唐主任对工作态度与精神。指示方针如左：a. 应抱有对社会有具体实用之贡献之决心；b. 工作时要有忠与勤之态度。
>
> 十月二十八日　主任派定负责工程建筑问题之指导，今事实已越过范围，与正常工作颇生影响。
>
> 十一月一日　主任训示：a. 唯有采取国外工作精神，方可增加工作效率；b. 需要真正动手者，而不需要动口者；c. 思想要一致；d. 要设法自己去动。
>
> 十二月三日　主任公开谈话训示：a. 工作精神要有：正确的认识、高尚的欲望、浓厚的兴趣、继续的努力、艰苦的奋斗。b. 增加效率必须：1. 肯学而又肯干，2. 具有团体精神（要分工合作，尽职责，守纪律，整洁）。
>
> 于异常感动之中，发生下列数点感想及建议：a. 公开谈话次数至少每月一号举行一次，庶乎除能铲去上下不必要之隔阂外，且能教导同仁如何学干、如何学做人；b. 如若可能，由主任领导研究人员（事务人员亦可参加），参观本室并分别详加解释，以期增加 Core at conception of Deep interact，且更于以后由研究人员招待外人参观可得详尽之效果；c. 最近增添收音机或留声机，运动器械，棋类等娱乐物品，以收同仁间增加情谊及

解除烦闷之效;d. 待电灯问题解决后,每晚七至九时,开放图书馆,以便同仁增加学识(必要的),而作扩大工作表现之基础,规定在图书馆阅读之;e. 大部同仁均随主任领导关系,肯学肯做,而无吃喝嫖赌之恶习,诚可为本室前途之光明,而大歌颂者也。

张定邦,安徽滁县人,武汉大学机械系毕业,曾任乐山中学高中部教员,1943 年 3 月到职。此《记要》最后日期,为其来试验室近一年,由其之感想可知其尚不得要领,为寂寞烦闷所扰。即便唐燿施教有方,并不是谁都可以训练成才,同为大学毕业,并非皆可造就。张定邦不久其即离职,最终如何,不得而知。

每人《日志》均要上呈唐燿,唐燿过目并签字存档,如同学生作业,老师要批改一般。因此之故,每人纪事当为真实,没有虚写夸大成分,但为博取唐燿之欢心,不免有赞誉主任之言。

《工作记要》制度在执行之中,后又增加《工作月报》《工作季报》制度。此引 1943 年 2 月承士林之《工作月报》:

甲、研究方面:木材化学干燥试验之青冈试材,第一次从食盐溶液中取出者,共称过六次,最后在炉干温度 105°C 时称三次,其数字之变异,已在小数点以下,故已量定纵长、弦长、径长,结果则尚待精确统计。第二次取出者,正在炉干中,下周内可称毕完成。第三次取出者,因干燥炉拥挤,尚在日光干燥中。

乙、文书方面:拟呈文代电稿共六件,公函便函笺函稿 63 件;填发木材工业调查表格及函笺 93 件;拟一月份工作月报大事记部分;拟战后国防工业有关木材加工计划纲要一部分文稿;校对各项发出文件。

承士林,江苏武进人,江苏省立数理化专校理化系毕业,来所之前在合川国立第二中学任化学教员。1941 年初承士林与唐燿联系,欲来木材室从事木材化学研究,唐燿也表欢迎,但其所在学校不愿其走。经过一年多次反复,唐燿甚至在中工所为其办好入职手续,才于 1942 年 7 月到乐山。木材室研究人员年龄,除唐燿外,多为二十多岁年轻人,且未婚,无家室之累;而承士林来时已是三十八岁中年人。其欲从事木材化学研究,但木材室仪器有限,且又难以添置，只能从事一些简单试验；研究工作不饱满，故又承担试验室文书工作。从其月报统计经办数量可知，木材室与外界联系甚为频繁。承士林在此仅一年，1943年7月即离去。不过其离去之后，与唐燿尚有学术来往，1944年中国化学学会成立十周年，《化学》杂志出版纪念刊，两人合写《中国之木材化学研究》一文。

此再引樊文华1943年11月之《工作月报》：

> 本月份工作，初则侧重木材防腐，其后待防腐工作告一段落，乃复研究改革土窑烧炭，俾能收集副产品，使废物利用也。嗣更致力于木材含水量之测定，并试制石棉纸，亦告成功。
>
> 木材防腐为战时及战后之重要工业，然在吾国向付缺如，故从事此项研究，实刻不容缓也。又木炭制造，在目前艰困时期，尚可为之，但在未来干馏工业发展后，此种小规模手工式土法烧炭，当被淘汰，故今日吾人仍不能不注意此项手工产品，俾解决物资缺乏时期之一部分军工用品也。①

樊文华撰写之体例，虽为工作总结，但亦有对相关问题作简短之阐述，可见其用心。木材室之木材防腐研究，此前有钟家栋从事，其离开之后，唐燿物色樊文华来室继续从事，但樊文华在此为时不长，以致在档案中，除留下几个月之《工作月报》外，即未见其他记录。此后，防腐研究也无人继续从事矣。

3.《通告簿》

在一般机构中，通告即为通知，为安排工作和召开会议之类。张贴广告之后，即失时效。但在木材室，却施行一本《通告簿》，文书将通知内容写在簿册上，不仅有通知内容，还有室主任唐燿训词，室内成员阅读后签名。今天我们所感兴趣者，是唐燿之训词，从中可见其对试验室管理、人才培养之用心。但档案中仅保存一册，此抄录其中几条如下：

> 奉主任谕：1. 凡购物仍须先填写请购单，交事务股汇集。本室厂所购物品，凡在百元以上者，均须经核准手续；2. 各项送核时间，除急件外，每日规定为上午十一时至十二时，下午四时至五时。等因，相应通报，即

---

① 职员工作月报季报，1943年，160-001-0022.

希查照为荷。三十三年三月廿二日

奉主任谕：近日警报频传，空袭堪虞，本室厂各组保管之重要公物，凡在空袭紧张时间，务须督率工友负责疏散，以防万一。三十三年五月十二日

奉主任谕：1. 凡非本室职员，非因公事接洽，不得在各试验室逗留；2. 凡非公务，除个人必需之书籍外，不准放置办公室内。三十三年八月一日

奉主任条谕：查我国神圣抗战已到第八个年头，艰苦困难，日甚一日，我们当尽最大努力与奋斗，促求我抗战胜利之早日到临，厚望我同仁，时刻把握着"爱好秩序，肯学肯做，厉行新生活"三原则，共勉之。卅四年元月八日。

顷奉主任面谕：同仁所提请核发二、三月米贴出售价款，作发上年度同仁应领款，及本年度一月份薪津，俟所款汇到，即按现出售实价抵发该两月米贴代金一案。准予照办，着由所通知等。元月八日。

其时，中国国民党为执政党，对国立机关干部实行政治培训，进行党化教育。中央工业试验所为国民政府经济部下属机关，其干部在培训之列。当中工所接到此项安排后，故商之其下属各试验室，请派员参加。唐燿以研究为重，谢绝所中要求，其云：

部令中央党政训练班第十七期开学在即，各机关选派优秀工作人员参加受训，于限期以前应选具姓名及考核册，送中央训练委员会备查。奉所长谕，"通知各室厂于不妨碍工作范围内，择优选送高级工作人员连同考核册暨履历表送所凭核"等因。查本室现有高级人员不多，且皆负有专责，若经选派受训，必妨碍工作进行。故于本期训练班，拟暂不选员参加受训。准函前由，相应赴请查照，专陈为荷。[①]

① 唐燿致中央工业试验所文书室，1941年9月9日，四川省档案馆藏中央工业试验所木材馆档案，160-01-0059.

首先，派员受训非硬性任务，所以唐燿可以谢绝；其次，唐燿以业务为重，参加此类学习，即是妨碍工作，还是对室内学术氛围之冲击。其本人不愿参加，亦不愿室中其他人员参加，因此试验室从未有过学术之外其他活动。但出国人员，按规定非要经过训导，则另当别论。

四、经费

经济状况与其时代社会生活密切相关，由于所见木材试验室材料并不完整，且甚凌乱，难以梳理出其确切之经济状况，仅就此零星记载，述一大致情形。

首先木材试验室不是独立之机构，其经费来源于中工所。经济部经费下达于中工所，再由中工所下达至木材室。木材室还有横向机构协款，此也系先将款项汇至中工所，再转至木材室。先列出木材试验室自 1940 后，五年内各年事业费之数目：1940 年 3.89 万元、1941 年 10.5 万元，1942 年 28.8 万元，1943 年 36.6 万元，1944 年 42.5 万元。现在对此数字，难有确切体察，但其增长速度则甚快，五年年均高达 97%。此中有物价上涨因素，但主要还是事业展开之后，中工所经费投入逐年增加。从中工所经费预算表可知，在其六七个试验室中，木材室经费之多为头等，可见木材室为中工所所重视。但中工所经费往往不能按时抵达，有时导致木材室甚为困难。此摘录一段 1941 年 8 月木材室向中工所所呈之《月报》：

> 因受经济问题之影响，而不能不将某项工作停缓或紧缩其范围，前者如木材炭化试验之未克进行，后者如制造试材之木工减少，至仅余三名(另有童工二名)，皆属无可奈何者。(为借用试机关系，本不能不加紧进行)。七月初，遂知款到尚不可期，为备万一起见，所余一千四百余元，决尽可能保留至最后一刻；不但印刷欠款，迁延未付，甚至赊米为炊。当此之际，中心焦灼，匪言可喻。迨二十一日始接到汇来款四千三百元，隐忧藉以稍纾。此款除偿印刷费近千元，米账约五百元及准备补付定制烘炉一千二百元；预计最近尚必需付出者，仅为理番采集费，大致一千元。所余者虽博节开支，尚不知能维持几时。[①]

① 唐燿：工作月报，中国第二历史档案馆藏经济部档案，二三(1964).

"赊米为炊",即可知进入怎样窘迫之境。此仅是几年之中之一例,但绝非仅有。月报中所言借用试机事,即向武汉大学借用,也因经费问题,颇费周折,见本书下节所述。1943年夏,木材室接所令筹设木材试验工厂,需要租地盖房,但经费不能到来,让唐燿着急,时中工所夏伯初借用在木材室,所秘书室主任张宗泽致其函,对经费迟迟不能划出,予以说明。函云:

展奉来书,欣悉一是。吾兄此次莅嘉,协助曙东兄解决各项困难问题,瞻仰贤劳,曷胜佩慰。本所经费每年六、七、八三个月,例为青黄不接时期,各室厂工作推进颇多,大受影响。木材室需款孔急各情,经得曙东兄及吾兄来函后,所座几无日不在各方设法筹款中,惟以事实每多困难,以致不克一一如愿。最近本所应领之事业及工厂经费,已有大数拨到,流动资金如近加预算两案,亦经最后决定。此后各室厂需款情形,想可不及前数月之孔急也。木材室经费当即转请所长设法即汇若干,尚希转告曙东兄释怀为幸。①

几日之后,张宗泽又致函唐燿,所云则更详细:

关于贵室筹设新厂之经费问题,弟曾一再持兄函及伯初兄来函转呈所座,并为恳切说项,期能设法提前付款。惟自七月以还,本所应领事业及工厂经费,国库署迟迟不拨。流动资金一案,亦以条件太苛,本所无法接受,是以一再迁延,未能决定。截至九月廿六日止,以上各项均已分别决定矣。兹分告如次:

本所第三期事业费一百万元及工厂资金一百万元,均于九月廿七、廿八两日先后拨到,贵室之款当即转催会计室设法电汇若干,以应急需。

追加预算案,迄至九月廿四日行政院召集请款机关说明理由,经所长出席,剀切申诉追加理由后,始以八百万元(试验室及工厂两部合并数)定案,惟动用时期须在一个月以后也。

贵厂筹备伊始,需款极急,承嘱转商事务室,设法代借款项若干,经与

① 张宗泽至夏伯初函,1943年9月26日,四川省档案馆藏中央工业试验所木材试验室档案,168-01-008.

银行接洽，以抵押品不在重庆，无法照办，此事遂亦不果。①

除中工所下拨事业费外，还有横行协作之款。1940年春得到农产促进会3万元，当年对木材室而言，甚为可观。该委员会隶属于经济部。1938年，实业部改名为经济部，乃设立该委员会，主管农林业之推广，1940年年度经费有180万元，从中下拨3万元予木材室，不可谓少。此3万元约定用途四项：中国重要商用木材初志之编纂，调查并研究中国腐木菌类与蚀木虫类之名称习性及其防治，出版木材之通俗刊物《经济部中央工业试验所木材试验室特刊》，成立林产陈列馆等。1941年交通部材料司委托试验中国主要木材性质，协款1万元。此外还有中国滑翔总会委托试验滑翔机制造上使用木材性质、兵工署委托试制手榴弹柄等，亦有一些协款。此引中工所主任秘书张宗泽致唐燿前后两函，言及一些协款转汇情形。一在1940年11月，一在1941年4月。

农产促进会本年度协助木材余款一万元已到所，存出纳室，候所长返渝时，当即呈请批饬寄出。交通部材料司之款尚未拨到，李司长已有复信，谓最近可批下，俟所长返所时，当再去函。

交通部材料司又允协助一万元，并即可领用，注见所长来函中。兵工署托制弹柄事，前去函已一个月，近再去函催办。吾兄先后寄来之单据，已由所长批饬会计出纳两室，提前拨付，无论如何，总期能应吾兄办事之需之为原则，决不使稍感有“行不通”之困难也。

由此可知，木材室得到中工所扶助甚多，即便横向协款，也有所长顾毓瑔从中相助；而秘书室主任张宗泽也热心办事。唐燿因经费告急，有时不是直接向所长陈情，而是请主任秘书转告，此摘录唐燿一通书信和一封电报如下：

敝室现有同仁，均能奋勉工作，无分轩轾。目下亟需充实人员，拟即呈请所座。先将旧人一例酌予加薪，以资激励矣。关于眷属米津，酝酿年

① 张宗泽至夏伯初函，1943年9月26日，四川省档案馆藏中央工业试验所木材试验室档案，168-01-008.

余，仍渺无出处，其何以使在职者能安心工作？可以自他方延揽人才耶？前呈请准由室垫发，未奉批示，殊为焦悚。上述二者，事关重大，务恳嘘拂荫被，无任感铭。

张宗泽兄：采集出发，印刷催款，室款已不足应付，困难万状，请将已报单据款或另设法火速汇济，电复。燿。

这些函电，不知具体日期，引述在此，借以说明木材室一直受经费困扰；或因窘迫，唐燿在函文不免表露出气愤。其后，至1945年前后，木材室已扩充为木材馆，扩充时得到中工所专项经费，也仅是将土地租下，房屋盖好，此后事业费并未有增加，在更为严重之通货膨胀之下，经费更是拮据，人员生活都难以维持，有些人不得不离职而去，新来者为时不久也离去。

五、设备

1. 图书

图书标本为生物学研究不可或缺之资料，唐燿先前在静生生物调查所，对木材之图书和标本，已开始搜集，此为合办之一方，静生所将这些材料提供给合组之木材室。唐燿回国之后，留守在日敌占领区之静生所人员，接到所长胡先骕之旨意，将其托运至香港陈焕镛所设立之中山大学农林植物研究所办事处。唐燿在国外，搜集材料，可谓是不惜工本，竭尽全力，面对木材学新文献，若不加搜讨，回国之后，则难有机会。唐燿在回国之时，也将这些材料托运至香港中山大学农林植物所。其时由于日军对中国抗日后方之封锁，与香港交通几乎断绝；后有滇缅公路开辟，才将封锁打破，但由香港起运至重庆货物需经缅甸仰光转运至云南昆明，因此国民政府资源委员会在仰光设立运输处。1941年，在中工所顾毓瑔协助之下，先将木材室物品自香港运至仰光，复派员亲赴仰光，将其运至云南，而后再运抵重庆。抵达重庆后，10月8日由王先铸押运至乐山，共十九箱，约2吨。随即由何天相等协助唐燿，立即开箱暴晒，分类编目陈列，设立图书室，以资参考。

关于该批文献运输经过，因唐燿挂念，中工所秘书室主任张宗泽致其函中，时时见告，此摘录一二，以见一斑。

仰光存件，据方子重先生来函云，本所新购之卡车（三月已来函）半月后，即可到仰候装配齐全，当即载运存仰之木材部分书籍仪器。夏天安已与方君晤面运输问题，夏君协助之处甚多，深可感慰。最近为华南战事关系，所长急于抢运存仰各件，特将原有卡车一辆租与汉港运输公司，取要条件须以一个月内将存仰各件运至重庆。如是双方进行，吾兄最担心存仰书籍之内运问题，大致短期内可望解决也。仰光运输所费，木材室恐将负担若干，即在事业费中支付，吾兄以为如何？

此函写于1941年4月29日，一个多月后，此事又有进展，6月3日张宗泽致函唐燿，为木材室支付运费事云："存仰各件已由方君运出缅甸。方君来函，经由文书室照抄寄奉。会计室有关木材室应付之款，正在根据兄之来书与其核对，俟款数确定，当请所长批饬照汇。"不知此批物品何时运抵重庆，但抵达后并未立即转运至乐山，待9月10日，唐燿致函张宗泽，商谈如何办理，其函云：

存渝十九箱物件，亟欲趁早，期整理应用。值现时经费已发，有轮可通，运输颇便，可否即交轮运嘉。最初奉所长出示，即陈所中办法，并请由华应允君负责办理交运事项。嗣庶务室来函，询问如何处理，亦复以同上意见。惟不知此后进行情形若何？颇为悬念耳。关于此事，意吾兄知之最稔，有无困难？需不需敝室派员押运？望有以示知，以便遵办。

后由王先铸于10月间押运至乐山。王先铸为武汉大学学生，此前在暑假期间，张宗泽奉所长顾毓瑔之命，介绍其到木材室服务几个月，结束之后，王先铸返回重庆，张宗泽致函唐燿，曾表感谢："王先铸兄，年轻诚实，颇有才干，承吾兄提携引领，人实感之。王君返嘉后，闻即拟返校，惟贵室经常事务，如有需其效力之处，王君自当乐为效劳。关于贵室工作情形及吾兄待人接物，王君曾一一见告，弟已转呈所长。所长闻讯后，至佩高明，并极引为慰也。"此次王先铸返武汉大学，在张宗泽安排下，请其担负押运之责。王先铸，安徽无为人，生于1921年，1944年武汉大学经济系毕业，其最后服务于华东师范大学。

木材室有此文献和标本，其收藏之丰富，殆为国内之最。本书前述徐迓亭在航空研究院从事木材学研究，甚为该处图书文献缺乏而苦恼，转而来木材室，此处文献之丰，得餍其学。1944年底，唐燿如是总结木材试验馆图书馆五年来之收藏：

> 本馆之图书室，除藏有近五年来添置之中西文图书杂志外，有静生生物调查所及燿在英德法所搜购有关木材研究之典献800余号，蓝图照片300余号，影片图书Billfold约七千英尺4 000篇，后者包括美国耶鲁大学雷、加二教授十余年之珍藏，及英国之林产研究所、森林研究所等选录之文献资料。此项特加搜罗之专门典献，不特国内少有，即比之国外，亦无逊色，倘能善加利用，则对于奠定吾国林业及木材之研究上，收效自必宏大。①

对收藏文献之质量，唐燿甚为自信，认为是一较完备之专业图书室。这也是唐燿有底气重组国内木材研究于一体的原因之一，惜未获得学界之重视。图书室有此基础，还不断购置，如1941年唐燿在成都，得晤美国洛氏基金会代表Balfour，获2 500元美元之资助，用于购买图书和设备。洛氏基金会资助之理由，虽未见记载，不过可以肯定，其当初资助唐燿赴美研究木材，当唐燿学成回国，正在开辟此项研究，自乐见其成。未久资金到位，其中五百元用以购买图书杂志，由上海环球书报社代办，余款用于购置仪器。英国著名学者李约瑟也曾到访乐山，后为试验馆寄来一些文献。

在档案中有一份1943年5月，木材室所购图书杂志目录，将其名列如下：

> 图书：沈骏声：《明密码电报新编》；潘序伦：《各业会计制度》；于心潭：《工业会计与管理》；石志清：《应用力学》；Erank W. Price译：《英文三民主义》；吴清友：《苏联地理》；王云五：《做人做事及其他》；西门宗华译：《苏联建国史》；顾准、陈福安：《银行会计》；萧文哲：《行政效率研究》；中工所：《重要论文报告一览》；中工所：《A List of Selected Microfilm Catalog Irene》。
>
> 期刊：《地质评论》《中国工业》《海王》《新经济》《读书通讯》《西南实业通讯》《科学画报》《行务通讯》《丘吉尔对全球广播辞》《英议会访问团告别辞》《中工所通讯》《农业推广通讯》《广东农业通讯》《四川物产竞赛会会刊》《川农所简报》。

① 唐燿：《五年来工作概况及成效·廿九年至卅三年》，木材试验馆印行，1945年1月。

此一月间入藏图书期刊种类甚为简陋，或者此时木材室经费已趋拮据，购买力有限，目录中有些种类还是交换所得。其时，阅读是知识分子主要嗜好，木材室之图书除供研究之用，还有满足同仁阅读之需；这对于生活工作只有十几人的机构，非常必要。

图书室还兼有档案室功能，收藏试验室人员每日工作记要、月报、年报等，内部工作报告，按试验项目编制试验报告，关于采集调查报告，采集日记及野外记录册，此外还有试验室工作计划。虽有公开发表之报告，仅是从中择优者。咨询木材有关问题之来往函件也收录在此，其中重要者有航空研究所函询试验标准，林业实验所征询意见等。在国内一般研究所，对此类研究报告，未有如木材室这样严加收集，并为之编号；或者开始立项试验时，即作这样要求。唐燿在国外得到不少这样材料，深感这些资料重要，故特作要求，并严格执行。1950 年按政府要求，将这些档案之一部分送交四川省档案馆收藏。

2. 标本室

标本来源如同图书一样，来源有三：一为静生所标本、一为唐燿在国外搜讨寄回之标本、一为木材室成立之后自己采集或交换而来之标本。标本室建立时，静生所 A 号 1 020 号、O 号 1 000 号，其他 600 号；耶鲁大学森林学院 1 200 号。此后自行采集，包括中工所在木材室成立之前所收集共约 5 000 号。待 1945 年初，藏有正确定名之木材标本 5 519 号，其中成立之后采集交换 1 012 号，病虫害标本约 200 号。标本按分类系统排列，隶属 87 科 1 400 属 3 002 种，设登记本和卡片两种检索方式。下表为标本交换和采集情况，其中所提供历史信息甚多，故而录之。

图 4－16　静生生物调查所之木材标本，现藏于中国林科院木材所

交换而来标本情况

时　间	类　别	数量①	来　　源
1940年7月	木材标本	18	四川大学农学院林学系程复新
1940年08月	腊叶标本	60	西北农学院林学系
1941年4月	木材标本	28	浙江农业改进所
1941年4月	木材标本	61	中国木业公司
1941年4月	木材标本	65	航空研究员陈启岭
1941年9月	木材标本	60	金陵大学农学院林学系朱惠方
1941年	腊叶标本	221	四川农业改进所峨眉山林业试验场
1943年4月	木材标本	12	甘肃洮河流域天然林国有林区管理处周重光
1943年5月	木材标本	122	四川大学理学院生物系方文培
1943年	腊叶标本	1 186	四川大学理学院生物系方文培
1944年3月	木材标本	54	云南农林植物研究所张伯英

自行采集标本情况

时　间	类　别	数量	采 集 地 点	采集人
1940年10月	腊叶标本	167	四川峨眉山	何隆甲
1940年10月	腊叶标本	100	四川峨边沙坪	王　恺
1941年2月	木材标本	166	四川峨眉山	何隆甲
1941年2月	木材标本	101	四川峨边沙坪	王　恺
1941年5月	木材标本	17	四川乐山板桥溪	王　恺

① 表中数量单位为号。

续　表

时　间	类　别	数量	采集地点	采集人
1941 年 5 月	木材标本	17	四川乐山附近	陈桂陞
1942 年 8 月	木材标本	74	四川汶川及理番	王　恺
1942 年 9 月	腊叶标本	145	西康天全及九龙	柯病凡
1942 年 10 月	腊叶标本	12	广西罗城	王　恺
1942 年 12 月	木材标本	14	贵州都匀及从江广西罗城	王　恺
1943 年 1 月	木材标本	88	西康天全及九龙洪坝	柯病凡
1943 年 3 月	腊叶标本	150	四川乐山附近	柯病凡

此份历年标本入藏数据尚不完整，仅至 1943 年。至 1952 年西南试验馆结束尚有将近九年数据未有，但可以想见，这些年份虽有增加，但增加不多，因社会经济、政治动态，对试验馆影响甚大，无力再作大规模采集。至于这些标本其后传承情况，大多木材标本现藏于中国林业科学研究院木材工业研究所之木材标本馆中，该所直接继承西南木材试验馆。少量藏于中国科学院昆明植物研究所，因唐燿 1959 年调往该所，因其继续研究木材构造，随身携带一些标本离开。

3. 仪器设备

木材室成立一年后，重要设备有新购天平两架，磅秤一架，烘炉二个，绘图仪器一具，测微器二具，直角规两个，显微镜一架，扩大镜数只，采集用具多项，化学药品约五十种，化学用玻璃器皿数十种。在重庆订制之力学试验附件数种，以及在设计中之干燥炉、木工设备等。此外添购之不动产及零星设备约百余号。静生所运来有切片机，盖唐燿出国之前所用者。洛氏基金会资助 2 000 美元，其中部分款项购置小型干燥炉设备、精密天平及稻麦秤各一，而力学试机及附件因无力购置，乃借用武汉大学者也。

其后，曾向重庆科学仪器公司函购气压测高表、蔡司照相机、求积器等，这些物品先由该公司迳送至重庆中工所事务室，有人去乐山时，即请顺便带上。有些仪器则是在上海购置，托中央信托局购料处办理，因需外汇，乃请中工所

图 4-17 在此简陋条件下开展木材物理试验

文书室向上海华嘉银行购买。有时木材室也派曹伏赴重庆自取。木材室有一公函至事务室云："敝室最近先后在渝市购有仪器、药品、图书等物品甚多，特派由敝室职员曹伏君专程到渝洽取。"

工业试验条件最基本为电力，待 1941 年春在事业费中拿出 2 万元，定制 10 千伏变压器一具。

随着研究按计划实施，据研究范围在试验室下先设四个研究组，后试验室升格为试验馆，研究组则提升为试验室，且设五个试验室。① 为森林资源及标本室，即本书前所述标本室，此略。② 木材构造试验室，有切片机，可进行木材切片及显微镜下之研究，制成切片 2 000 多号，国外木材构造性质卡片 1 000 余种，关于中外木材之名称，随时记录，以供研究上参考。制作切片，还向外出售。③ 木材物理及力学试验室，有特制收缩测微器、力学试验附件等，可测定木材之收缩及比重。④ 木材化学试验室，有一般之化学仪器，可进行木材化工上一般之试验。⑤ 木材工业试验室，有多种机械模型照片，以及设计绘图等设备，可进行木材研究上与木材工业上有关机械之设计。这些试验室并非是馆下建制，因研究人员实在太少，包含唐燿在内仅有五六人可以从事研究，无法作严格分工。如此列出，只是说明木材馆涉及这些内容，可承接此类合作项目，也是将来扩充之基础；或者言，唐燿一直以来按其理想中的木材研究所架构来建设木材试验室，哪怕是搭成一个框架，也是为了筑巢引凤。

4. 陈列室

在农产促进会资助项目中，其中一项为建立林产陈列室，木材室在北碚时获得此项资助，但无暇设立，迁至乐山之后，即为设置。以图表、实物、标本，展示木材室研究内容、中国森林资源、木材学知识以及收集各类木材制品及林产品等。其时之中国尚鲜有这些内容之展示，社会一般人士，多不能注意其价值，故陈列普及木材学知识甚为必要，同时也是木材室宣传自己，提升社会声誉之有效方式。此前中国科学社生物研究所、静生生物调查所皆有关于动、植物标本之展览。静生所之展览室名之为通俗博物馆，此类源于国外之自然历史博物馆设置，也是西方科学建制对秉志、胡先骕影响之结果。唐燿跟随其后，当明悉此项设置之社会功能，故在组织木材研究机构计划中，即有兹项。

唐燿初定陈列室之内容有：中国之森林与木材概况，木材构造虫害及病害，木材干燥，木材化学及防腐，木材力学及木材建筑，新旧木材工业，森林副产品等七个方面。其后在实施过程中，有些内容由于受展览材料限制并没有完全表达，经一年搜集、制作，陈列室基本形成，所展示的内容有：

一类，世界森林面积表，中国森林分布及各省森林分布图。其中有多幅资源委员会提供中国森林照片。

二类，中国重要商用木材，板十余块、木段及圆盘六十号，重要木材标本三十二号，次要代表七号，构造模型及显微照相，木材病虫害标本约七十号，图表则有世界最轻最重之木材表，中国重要松柏材类简表，中国重要阔叶材类简表，木材细胞壁构造图式，幼茎横切面及纵切面之部位图，木材或后生木质部双子叶植物及裸子植物之异同表，松柏科管胞之立体横剖面图，木材腐败之菌类（表），主要木材腐败菌类表，致害木材之菌类表，木材因受虫害所生之缺点表。

三类，干燥炉模型一具，木材干燥不当之变形图，示木材天然干燥之堆积发模型，木材天然干燥时应注意之事项（照片），由干湿暑计算处之湿度表(照片),示木材比重与重大抗压之关系(照片)。

四类,木纤维之用途(表),木材之化学成分表,木材之化学产物表,硬材蒸馏之产物表,软木材类蒸馏之产物表,木材汽馏及提炼物表,木材细胞壁之化学成分表。

五类,木材力学之试验标准试样模型十余种,力学试验照片数幅。

六类,锯木机及车床模型,木材之新用途表。

七类,竹、火、柴、纸之制造程序,竹之效用表,森林副产品标本(包括药用、食用、工业用途者)二百二十六号,木材工艺品标本共计一百五十二号。此外更将自行采得及各方赠送木材标本约一千号,连同各类特殊标本,以及木材之节,纹理、颜色、树皮等,分别陈列,以资浏览。

展览内容之选定当然是贯彻唐燿对木材学之理解,但展品之收集和制作,则是全室研究人员努力之结果,我们从本书主要人员事迹中可以见出诸人为陈列室工作之情形。

辟有陈列室一大间,就中国森林资源产销、中国森林储量、战后十年内木材之需要量及供应量,木材之构造,木材在显微镜下所摄制之照片、木材之含水量、木材之轻重、木材之收缩、木材之化学、木材之性质之变异性、木材力学试验之标准、已试验之力学试材、木材之节、木材之用途、木材之干燥厂防腐厂薄木刨床及锯木厂等,分别就实物、模型、图表、照片等,约600余号,加以系统之陈列,以供参观。①

1944年元旦,木材试验馆为庆祝其成立四周年,举行成绩展览,除对陈列室重新布置,还开放试验室,两天参观人数达400余人,极一时之盛。木材室张全堂就此写“嘉定通讯”,投给中工所内部刊物《中工通讯》,其言:

元旦日及二日,举行四周纪念,开放展览,各界潮涌而至,虽有漫从上山之劳,不以为苦,海王社阎先生幼甫亲自赶到,并赠送纂述一副。参观后劝唐主任撰文投寄《海王》及各大报纸,以广视听,热忱之态,老而弥壮,

① 唐燿:《五年来工作概况及成效·廿九年至卅三年》,木材试验馆印行,1945年1月。

令人可敬。

二日参观人士尤为拥挤，招待人自清晨起，即口讲指划，奔波不停，十时余腹中皆感“警报”，唐主任为激励士气起见，特购大批锅灰犒赏三军。

《乐山诚报》记者参观纪念展览后，写有报道，名之曰《木材的魔术》，请随记者目光进入其时之木材馆陈列室：

木材也值得试验和研究，我怀着好奇心向着乐山对河的凌云山跨越了三百多级石梯，才踏进这木材的魔术园。刚进大门，就被一大推的机器模样所包围，锯木机、圆锯机、防腐厂、干馏厂……接待室内，放了五六十种出版物。我翻阅了一下，发现了这工作并不平凡。据谓在迁抵乐山的三年内，测定了二万多次木材的重量与收缩，二千多次力学性质，制成了一千多种木材切片。我在显微镜下看木材构造，好像织锦图样，你说奇怪不奇怪。据木材家说，由此可鉴定木材。

木材化学区，是在一所新建筑的楼上，我在想又有什么把戏呢？这里摆了一棵树，挂了不少图表和很多瓶的样品，说是木材的成分，是从空中的二氧化碳同根中吸收的水份同肥料，赖叶绿素直接利用日光能造成很复杂的纤维素，木素和其他很多的化合物。招待的人告诉我：木材有四千种以上的用途，可以制成食物，可以拿来做衣服、袜子，可以作炸药，可以提酒精、造醋酸，可以代皮革，也可以做成电木一类的塑料。无怪德国人把木材当为天然五种最重要的原料之一。

我在这魔术集团里，明了了国外对木材的新贡献，真有点骇人听闻。据说把木材浸以食盐，虽晒不易起裂；浸在浓尿素内，烘熟后可以任意扭曲变形，冷后即可固定，这岂不是让木材的用途，发生了革命吗？

在木材物理力学区里，挂着各式各样木材的试样，长的扁的、大的小的，首先引起我注意的是一段木头旁边放着一大瓶水，它的重量是用来表示这段木头内所含的水分，差不多占了木材的一半，真是难于置信。木材的翘曲，我是知道的，可是在一个木材的圆盘上，方的可以变成长方，圆的变成椭圆，那是奇之又奇。据他们的解释，是因为木材的收缩，在弧面的较径面大一倍的缘故。

记者放下了对木材的怀疑心，平着气去看中国木材资源区，遇到了该室主任唐燿博士。他说：今后吾国的森林资源，估计仅可供建国上木材需要量的四分之一。如何能够物尽其用，不能不在科学利用上打算盘。他指示我，这里有五千号以上的中外标本，一万多册各国有关木材的文献，都是他搜集和用照片照来的。试验室的工作目标，在有系统地研究中国木材的材性，从林区同市况的调查到改进用途，为了示范起视，成立了木材加工实验工厂，以期用机械化的生产，把研究得来的结果，供给新兴的需要。

怀着异常的欣喜归来，我不禁这样想：唉，魔术的木材，木材的魔术。①

该记者文化水平有限，其观感仅是好奇，而未向接待者或唐燿询问事业发展情况，而未留下更多历史信息；但此观感，因是历史记录，也为珍贵，故全录在此。

陈列室不仅对普通民众开放，同样是来馆视察之知名人士和政要了解该馆之窗口，正式参观陈列室后，发表谈话，题词，使得该馆盛名远播。纪念成立四周年展览，永利公司海王社阎幼甫题："搜罗杞梓楩楠。材木不可胜用也"，上款云："曙东博士领导学人研究木材利用，于兹四稔，成绩斐然，爰集古语为贺。"华西兴业公司胡光麃题："研究渊深，裨益工业甚大。"武汉大学经济系教授韦从序题曰："三十三年五月二十五日与印度农业访问团参观木材试验馆，见成绩之优异，外宾交口称誉，叹为观止。"

5. **出版物**

研究者之研究成果，主要以论文形式展现，故论文是学界同行评述研究者之研究功力之凭借；同样研究机关之学术刊物，也是衡量该机构总体学术水准之重要载体，其广泛传播，可增进外界对于研究所事业之认识，促进对研究所之关注度，故大多研究机关至少有一种刊物行世。木材试验室在北碚初步建成之后，于 1940 年 1 月创办《经济部中央工业试验所木材试验室特刊》，基本按月出版一号，每号一篇文章，出版至 1945 年 12 月，共出版四十三号。由于试验室人员少，除唐燿外，其余均为研究生或初级研究人员，《特刊》作者主要是唐燿，尤其在前两年中，几乎是唐燿一人之刊物；而所刊文章也算不上论文，多为综述、计划、编译之类。迁乐山之后，随试验研究展开，野外调查也在进

① 《乐山诚报》记者：木材的魔术，《乐山诚报》1944 年 1 月 22 日。

行，年轻人成长起来，才有试验报告、考察报告，作者也增加王恺、屠鸿远、柯病凡等，或单独署名，或与唐燿共同完成。该刊印刷经费来自农产促进会协款之一部分，故在封面署以木材室与该会共同印行。

《特刊》编辑出版，想必得到所长之同意，或默许。中工所编辑有《工业中心》《中工所研究专刊》和不公开发行之《中工所通讯》三种刊物。中工所设编辑室，由袁可尚负责。袁可尚(1912—1994年)，字汉元，笔名可桑，浙江慈溪人，1938年毕业于清华大学社会学系。中工所下属十余个试验室均无自办刊物，惟木材室拥有。

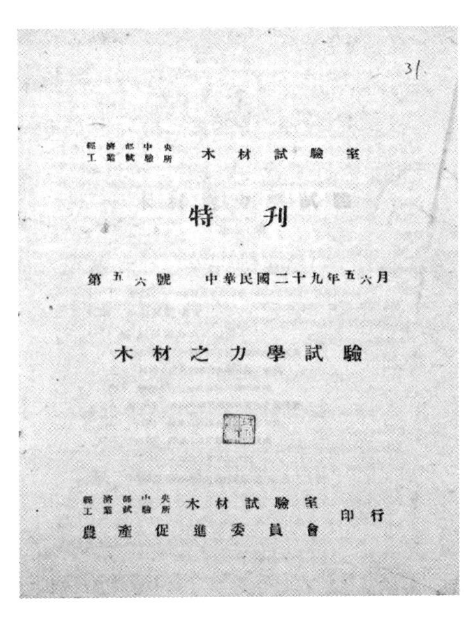
31
經濟部中央工業試驗所　木材試驗室

特刊

第五六號　中華民國二十九年五六月

木材之力學試驗

經濟部中央工業試驗所　木材試驗室
農產促進委員會
印行

图4-18　《木材试验室特刊》封面

木材室迁乐山，其《特刊》继续编辑出版；但中工所希望木材室有文章在所办刊物上发表。而其时木材室与中工所联系，除行政联系外，即是通过刊物。木材室借此获悉中工所及各试验室情况，重庆方面也借此了解木材室进展。起初，袁可尚体恤木材室处境，积极刊发木材室人员文字；且认为唐燿留学美国，自办刊物，学术造诣深厚，还不时向唐燿请教办刊所遇问题。木材室迁至乐山之后，袁可尚于1941年4月，即致函唐燿约稿，“贵室工作情形，因离所较远，全所同人对之不免较为生疏，自以多多撰寄消息，以充实《中工所通讯》为便。天相、继泰诸兄均擅写作，尤望时时敦促撰稿惠寄。”唐燿也认为向外界传递木材室在乐山工作进展或消息，甚为必要，乃督促同人为之撰写。其后，袁可尚向唐燿致函请教云：“最近数期《中工所通讯》，均有贵室文字，协助之多，令人感奋。”《中工所通讯》为油印刊物，其发行量不大，但木材室未能妥善保管，在其档案中，仅存一期，而在各大图书馆中未见收藏，尚待访求。

或者所长顾毓瑔认为木材室还是有些特殊，1941年9月有将《中工所木材室特刊》归并于《中工所专报》之设想，请袁可尚与唐燿商量，不为唐燿所接受，袁可尚获悉后复函唐燿云：

曙东主任勋鉴：

叠奉赐书，教言殷勤，感荷良深。月来多病，因之稽迟作复，为歉为愧。前言贵室所出之研究《特刊》，诚如尊见，性质比较专门，内容比较通俗，仍以单独出版为是。弟拟于以后出版之《工业中心》及《研究专刊》上作广告刊出，以自介绍卷期，《中工所通讯》已登出矣。自弟辞准窑业厂总务课课长后，即可全力注意编纂事业，现可奉告者，本所全部图书目录，约有中西文图书四千余册，本月内拟完全油印分发。抗战四年来，国内重要杂志工业论文索引，可于十月底或十一月底油印分送，或竟先在《工业中心》刊出一部分。工业书评亦已开始，亦拟先在《工业中心》登载。简报工作，已有相当成绩，《工业中心》自第九卷起，扩大并认真出版，内容、形式均将有进步，将来需大力指示匡导之处，当随时有之，其详细办法正呈核中，将来自当送上求正。乐山木材业概况一文，由弟作英文摘要(专报四种另邮寄上矣)，一时匆促，亦不甚稔西文规矩，将来倘有撰著送下，乞自加摘要题目亦请译就为盼。

专此，敬候

近安

袁可尚　拜上　九月十五日

由此可知唐燿之执着看似平常，但第二年袁可尚离职，前往中华红十字会工作，改由石坤林接任。石坤林有回忆云："中工所有一个小小编辑室，附设在窑业厂内，一切经费都由所内开支。编辑室主任袁可尚，我去不久，他就辞职离开了，编辑室工作由我暂代。刊物主编大概是所长自己，我们只管印刷事宜。"[①]此时，顾毓瑔对《木材室特刊》不能与所刊一致，仍认为不妥，乃命编辑室以秘书室编译组名义致函唐燿，对《木材室特刊》版式、刊名等提出修改意见。时在 1942 年 8 月，《特刊》出版至十二号。唐燿作如下回复：

尊示有"此次特刊以本所研究专报形式出版……，即于本所出版物系统上亦殊整一"云云。虽尚不甚明悉其意之所指，但可能悬端者，要不外

① 石坤林：关于《工业中心》期刊，《重庆出版纪实，第一辑——出版界名人、学者、老前辈的回忆录》，重庆出版社，1988 年，第 425 页。

> 两点：① 废除“特刊”之名称，而以“研究专报”之名称代之；② 版式排版格式改与研究专报一律。如为第一点，则敝室困难恐多：第一，特刊已出十二期，若骤然将名称变更，对于国内外刊物交换上困难恐多；第二，敝室特刊在创办初期，揭载文章，性质较广泛，内容较粗浅，目的在一般宣传为多，殆有非研究专报之名称所任许者，与本所之《研究专报》及《工业中心》性质均有不同，恐刊名与内容不符。且敝室所印刊物均系加有本所字样，此项成绩仍本所所有；第三，本刊系受农产促进委员会之协款印行，自不能另立名称，以示区分；第四，创办《特刊》，在事前固尝得所长允许。此外更改名称困难之处，尚复多有，毋庸备述，至于第二点，封面排版格式，业已自本年度起改与研究专报同，现已有多数在印刷中用到。即退一步言，所中欲更定敝室刊物名称，仅有从下一年度起，是否统由贵室办理。将来印刷及编辑，时锡南针，用匡不逮。敝室除特别登载之作品外，凡稍有价值之专门研究著作，仍将寄奉本所，用供采择，以列入研究专报之林为幸。①

唐燿是将木材试验室当作木材试验所来办，故其主编之刊物，即按其之意愿实施；但是目下隶属于试验所，又不得不按试验所要求而有所调整。故《特刊》自十三号起，刊名不变，而将“试验室与农促会印行”改为“试验室印行，受农促会协款”，另出版木材室《研究专报》，其第一号出版即在是年 8 月间。

《特刊》初出，免费赠阅。为推广传播，唐燿请中工所刊物《工业中心》、农产促进会刊物《农业推广通讯》和中华自然科学社刊物《科学世界》为之推荐，特别介绍，以致来函索阅者渐多，遂略加限制，凡普通读者，略收工本费；凡机关、学校及同道，则赠送交换，赠送最多时达 130 多处，交换也有十多处，如气象研究所、地理研究所、陕西农改所等。刊物交换还远至国外，唐燿晚年回忆录云：“我在乐山创办木材试验馆时期，在刊物交换上和国外有关单位取得联系，收到澳大利亚科学实业部的林产组，英美等林产试验室的‘内部报告’共约

① 唐燿致中工所编辑室，1942 年 8 月 18 日，四川省档案馆藏藏中央工业试验所木材试验室档案，160－01－009.

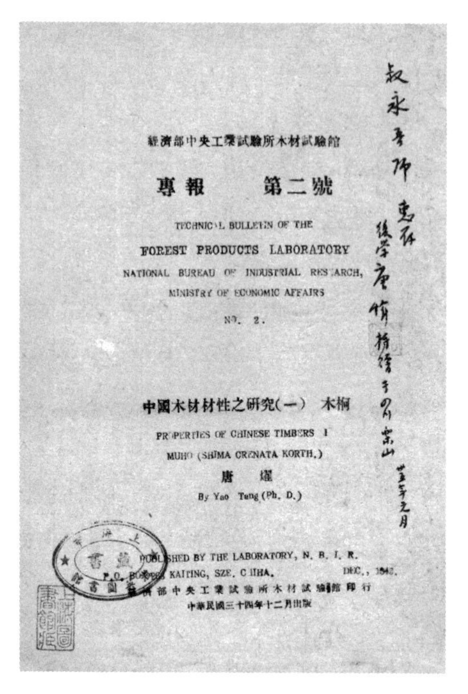

經濟部中央工業試驗所木材試驗館

專報　第二號

TECHNICAL BULLETIN OF THE

FOREST PRODUCTS LABORATORY

NATIONAL BUREAU OF INDUSTRIAL RESEARCH,

MINISTRY OF ECONOMIC AFFAIRS

NO. 2.

中國木材材性之研究(一)　木桐

PROPERTIES OF CHINESE TIMBERS I

MUHO (SHIMA CRENATA KORTH.)

唐　燿

By Yao Tang (Ph. D.)

PUBLISHED BY THE LABORATORY, N. B. I. R.

P.O. BOX KAITING, SZE. CHINA.　DEC., 1945.

經濟部中央工業試驗所木材試驗館印行

中華民國三十四年十二月出版

图 4－19　《木材试验室专报》封面

6 550 号，也提高了我对木材材性的试验研究应该怎样进行，有了进一步的认识。”①但是，交换的具体情况未见其他材料，仅《五年来工作概况及成效》言：“本馆经常与国内外学术研究机关交换刊物，前后已寄出千余份”。木材试验室升级为木材试验馆后，先前编辑印行者相应改名为木材试验馆。

木材室《特刊》所载之文，如唐燿所言为宣传性，学术含量尚有不够，且据上级中工所要求，于 1942 年 8 月创刊《经济部中央工业试验所木材试验室专报》，第一期刊载唐燿撰写《中国商用木材初志》，1945 年将《特刊》所载木荷和丝栗两种木材力学实验报告，也以《专报》再刊行，各为一号，共出此三号。

1942 年 10 月木材试验室还创办通俗双月刊，名曰《林木》，然仅出 6 期，1943 年 4 月停刊，该刊刊名为国民政府主席林森题写，不知何人请得。今日各大图书馆所藏《林木》均不齐全，合并之后也难窥全豹。从笔者检出几期看，知此刊篇幅甚小，一期刊载一篇文章，且文章甚短，而这些文章在其他刊物也曾发表，故其之价值有限，惟 1942 年 12 月出版之第三期所载《木材试验室简报》未在它刊见之，有关内容引用在本书相关章节中。

1945 年 2 月，唐燿鉴于木材学在中国的发展及木材试验馆事业之发展，乃计划将《特刊》和《专报》合并，且改变一号仅载一篇文章，及专载本馆人员文章之旧例，转而设置多个栏目，采用向学界吸收投稿，使之成为名副其实之杂志。为此唐燿在是年除夕之夜，撰写《本刊之回顾与前瞻》一文。其云：

① 唐燿：《我从事木材科研工作的回忆》，中国科学院昆明植物研究所印行，1983 年。

林木

林森

第四期

三十二年四月十日

經濟部

中央工業試驗所

木材試驗室

主編

通訊處

樂山郵箱第二六八號

林木研究文獻　唐燿編

甲、木材鑑定及構造：

一、唐燿：華北闊葉樹材之鑑定。靜生生物調查所彙報、三卷一三期、一五七—二一〇、圖二四(二十一年七月、1932)。

二、唐燿：華南闊葉樹材之鑑定。靜生生物調查所彙報、三卷一七期、二五三—三三八、圖一—七二(二十一年十一月、1932)。

三、唐燿：中國裸子植物木材之研究。靜生生物調查所彙報、四卷七期、三〇九—三六八、圖一—一二四、表四(二十二年三月、1933)。

四、唐燿：中國重要木材之鑑定。中山大學農林植物研究所專刊三卷一期、四四—六四、表一(二十四年、1935)。

五、唐燿著：胡先驌校：中國木材學。六六八頁、中國木材之顯微照相圖三七六幅。中華教育文化基金委員會編、商務印書館出版(二十五年、1936)。

六、唐燿：中國商用木材初誌。經濟部中央工業試驗所木材試驗室專報第一號、農產促進委員會協款編　該室發行。一一五五頁(三十年八月、1941)。

七、唐燿：隨果木科木材解剖之研究。靜生生物調查所彙報、三卷一〇期、二七一—三一、圖二(二十一年六月、1932)。

八、唐燿：柏勒楔科木材解剖之研究。靜生生物調查所彙報、五卷一三期、(二十四年1935)。

九、唐燿：金縷梅科木材解剖之系統上研究、耶魯大學研究院論文、1938。靜生生物調查所彙報　在印刷中。

一〇、張景鉞：馬尾松之樹脂細胞。植物學雜誌彙報(英文本)二卷一號、四三—四四、圖三(二十五年1936)。

图 4-20　《林木》期刊

为促进吾国木材之合理的利用，策划吾国林产工业之建树，增加技术人才之训练、联系从事森林管理、伐木锯木、木材干燥、木材防腐、木材加工制造上等之原料及技术问题，与使用大批木材之建筑、交通、兵工、航空等有关木材之规范问题，吾人亟需要一种刊物，以资联系推广。中央工业试验所木材试验馆为全国技术性专门机构，在抗战艰苦阶段中，对全国木材之研究既已逐渐成长，由木料来源、产量、名称、性质之系统调查研究，更将加意于木材各项成品及特制品之制造，以期对于建筑、交通、航空等之建设上，有所建树。

本刊自出版以来，已历六载，其间深蒙中央工业试验所所长之赞助及各方之嘉许，得以继续出版。为应今后之需要，吾人更应及时肩负上说之使命，继续为各方效力。因此拟自第六卷起，改名为《木材技术汇报》(Bulletin of Chinese Timber ani Forest Products Industry)，自第一期起，除保持专门之学术性外，更拟扩大其内容，包括下列各部分：研究专报、调查专报、技术丛编、专著、研究参考、书报介绍、咨询通讯等。至于通俗性之一般作品论著消息，则仍拟就本馆原已刊行之《林木》期刊，加以充实，藉供从事木材事业者及一般人士之阅读。①

但是，令历史感到遗憾，唐燿拟办之新刊并没有问世，而其苦心经营之旧刊《特刊》《林木》至此也为终结。其时，经费极为困难是一主要因素，而大多研究人员离开木材试验馆也是因素之一。

木材室人员文章除在本室本所刊物上发表外，唐燿也鼓励年轻学者作文，在社会上其他农林、经济类刊物上发表。尤其是农促会主办之《农业推广通讯》杂志，或者是唐燿为感谢农促会协款，木材室同人于此刊文甚多，并开辟"林木研究通俗讲座"专栏，共发文达23篇之多。为求推广，有些文章则还是重复刊发。

唐燿对木材室刊发之文，逐年统计著录，至1945年多达140余篇。此后，虽然扩充为试验馆，则几乎没有文章问世，亦说明试验室之式微矣。

六、几项重要研究

1. 农产促进委员会委托之项目

木材室成立未久，尚在北碚之时，1940年4月得到农产促进会协款3万元，该项资金规定用于四项开支：① 调查与研究中国重要商用木材，② 调查并研究中国腐木菌类与蚀木虫类之名称及防治，③ 成立林产陈列室，④ 出版木材学刊物。经近二年实施，至1942年1月此项经费用罄，其任务也基本完成。此就两项研究介绍如下：

项目之一是调查中国木材商用情况及木材森林资源。唐燿在接到委托之初，即就所掌握一般情况，草成《中国木材商况》一文，但该稿在敌机轰炸北碚时被焚毁，其后唐燿于1941年再写《中国木材初志》，所讨论者为松柏类木材。其云："松柏类用材，常占世界木材产量百分之八十以上，木材具相当坚硬性及力学性，便于施工，亦作建筑等用。吾国松柏材类有三属，约百三十种，广布全国。"②遂介绍主要种类之产地和用途。1942年8月又写出《中国商用木材初志》，其时中国科学社《社友》有这样报道："唐君除指导十余人员工作外，仍致

① 唐燿：本科之回顾与前瞻，《经济部中央工业研究所木材试验馆特刊》第五卷，1945年。

② 唐燿：中国木材初志，《中央工业试验所研究专报》第281号，1941年5月。

力于商用木材之研究，近已就搜集之材料，著成《中国商用木材初志》上下两篇，由农产促进会刊行，不日即可出版。”①此言农促会出版，实是出版费在农促会资助经费中开支，此前一段时期出版物上均署农促会之名。该文后列为《木材试验室研究专报》第一号。此系唐燿抵达乐山之后，试验室开展各项调查基础之上写出，以与二年之前所写之稿相比，内容定为丰富得多，亦可靠得多。全篇记载中国习见商用木材百余种，分为“软木”或松柏材、“硬木”或阔叶材，分别加以记载，以供一般之参考。仅此一篇，非《社友》所言上下两篇，或者系合二为一也。

唐燿还写有类似之文，《论川康木材工业》（刊于《科学世界》）、《中国林学研究之展望》（刊于中国林学会主办之《林学》）、《从中国森林谈到木材林业》、《抗建期间中国木材利用问题》等。

木材市场调查和野外考察主要由王恺承担。王恺在西北农林专科学校时，即调查西安木材市场，并从事野外工作，故一来乐山首先调查乐山木材市场，并率领同仁深入崇山峻岭之中。其时，国内各林区，虽经中外植物学家之搜求，就其中树木种类已加以分类学研究，然国内市场上重要木材之名称、来源、产量及材性等，还无正确之记载可资依据，即未有从木材学角度加以系统研究。木材室除调查中国森林，以获得第一手资料，加以整理分析外，并派员实地调查各地木业及林区概况，如 1940 年赴峨边采集试材并调查伐木，1941 年赴川西理番一带调查伐木，并搜集木材力学试验之材料。

王恺每到一地调查或考察完毕之后，均写出报告，且多在刊物上发表。1941 年 8 月刊出《乐山木材业之初步调查》一文，现仅列该文之目次，以见文章之内容：绪论、木材来源、运输情形、材种及用途、品名及估价、木材价格之一般，交易方式、赋税征收情形、年来营业情形及供求概况、乐山县木商业同业公会组织、结论②。可见其调查之全面而深入，最后作者得出结论，除证明乐山为四川木材之中心，木材试验室迁至乐山之正确外，还提出防备木材来源枯竭之方法，即设立林政局，以谋林木更新，对山农以之补助，达到振兴木材工业，对木材研究也亟待充实等策略。

---

① 《社友》第七十一号，1941 年 7 月 5 日。

② 王恺：乐山木材业之初步调查，《工业中心》，1941 年，第 3、4 合期。

王恺对乐山木业调查则是就便进行，而对峨边木业调查则是专程前往，于1940年秋行事，主要调查中国木业公司在其地之情况。写出《峨边沙坪伐木工业之调查》，文章内容[1]包括公司概况、伐木树种、伐运工人、伐运器械、运输方法等。关于该公司，本书在第一章中已作介绍。王恺前来调查之时，该公司成立已三年，“据云多有亏累，此中原因或多，非局外人士所得置喙。今当该公司更张勇猛渐进之余，鄙见以为目前似不宜停止林间工作，小规模之伐木，以供目下各方面之需求，如此则伐木器械，亦不致令其荒芜。此外尤宜遴选适当工作人员，拟具详细工作计划及收支概算，对工作人员，亦应予以充分之保障，以资熟练，非万不得已，不宜更换。”由该文可知木材研究，不但具科学技术内容，而且还投入工商管理之视角。

王恺在乐山、峨边调查之后，第二年又受命往川西调查。出发之前，王恺就木材室之资料和其对川南所作之考察，先写出《西南林区之初步比较》，将范围扩大至中国整个西南地区。此类似学习笔记，为即将前往川西作功课。1941年6月前往，考察二阅月，写出《川西伐木之调查》报告。其调查内容与此前调查项目相当，此录其小序，以见此行之大概和考察之意义，其云：

> 川西之汶川、理番、茂县等区域，位于岷江上流，森林尚称繁茂，为成都木材主要来源之一。其伐木虽一本旧法，但殊少详实之报告，以资参考。三十年六月，恺奉命往该区采集，并调查伐木情形，留汶理各伐木地区二月余，虽因交通阻塞，地方不靖，备尝艰苦，但调查所及，有足资记述，以备建树新伐木业之根据者。爰就该区伐木之沿革、组织、工具、时期、方式，以及木段之制造及运输等情形，分别述明如后。
>
> 在调查期间，多蒙川农改所，岷江林管区、信成公木厂、远成实业公司公记木号等优加协助。文成又蒙本室主任唐燿博士之指正，特此志谢。[2]

作者在川西考察，得到几家木业公司协助，文中有七家公司简介，这些文字，还应是今日编写地方志之材料，不知方志学家注意否？王恺考察不仅受命于唐燿，如何考察也得到唐燿指导，报告草成还得到唐燿审定，有些还在木材

① 王恺：峨边沙坪伐木工业之调查，《工业中心》，1942年，第2、4期。

② 王恺：川西伐木工业之调查，《中央工业试验所木材试验室特刊》第21号，1942年。

室学术讨论会上宣读，与室内人员交流。此次川西考察，途经成都，王恺顺便对成都木材市场予以考察，写出《成都市木材业之初步调查》。

王恺在各地考察伐木业，也注重收集木材标本，并为木材室即将开展之木材试验采集试材。1940 年在峨眉得木材标本 160 号，在峨边、沙坪采有木荷、丝栗试材 30 株，在理番、汶川等采得 74 种。

图 4－21　乌尤寺在此江边小山之上，唐燿 1943 年摄

王恺在乐山乌尤山调查采样，一次被乌尤寺和尚阻扰。“1939 年，遍能接任住持后，又遇上了麻烦。国民党中央农林部有个木材试验室，经乐山县政府建设科出具公函，要把乌尤山上的九十名种树木；每种抽砍两根来取样做试验。遍能面对强权不肯屈服，拍案而起据理力争。他说山上的树林不是寺庙的财产，是属于全乐山人民的公产，要砍伐必须经过乐山县各界人士的同意。为保护风景名胜不遭破坏，遍能亲自写了一纸呈文，然后不辞辛劳，四处奔走，寻求声援和支持。在他的精诚感召下，凡是乐山境内的知名人士、社会贤达和各机关、团体都纷纷签名、盖章。这份印章与签名远远长过正稿的呈文，很快分送到县政府、专署、四川省府和中央农林部。最后终于迫使农林部下达了不能砍伐乌尤山林木的文件。那个木材试验室的计划全部落空，无可奈何地发

出:'这和尚真是神通广大'的慨叹。"①这则被传颂下来保护森林的故事,应有一定真实性,不会是无中生有,所以录之在此,以见木材室初到乐山所遇阻力。但是其具体细节则有杜撰嫌疑,试验室档案记录中,在大佛寺、乌尤寺采集只是腊叶标本,而没有木材标本,不曾有大量砍树行径;但作者也不知试验室之由来,否则,不会将经济部之木材试验室,误写为农林部之木材试验室。以科学研究为目的而进行之采集,应当予以便利,这几乎为普遍认知,但乌尤寺和尚尚不开明。五十多年后,作者因"国民党中央农林部"被阻止,而为和尚点赞,未免还顽固不化。

2. 交通农林两部委托之项目

1942年夏交通部、农林部委托木材室主任唐燿组织林木勘察团,调查四川、西康、广西、贵州、云南五省林区及木业,以供五省修筑铁路之需要,为此唐燿组织五个勘察分队,勘察结束后,按唐燿制定之体例,各队均提交报告,经唐燿予以审稿后,先各自投稿,在1943年间陆续刊出。唐燿后在此之上,于1943年12月编写《中国西南林区交通用材勘察总报告》一书。

此项勘察缘起,乃是援引1936年四川省建设厅为建筑成渝铁路需要枕木,而约请中国科学社生物研究所郑万钧来川调查森林资源,获得明显效应而作出。抗日战争至此已处于非常艰苦时期,抗战建国已作为国家建设之方针,意以建设中聚集抗日力量,并为抗战胜利后国家建设树立基础,即有在后方修筑多条铁路之计划。修筑铁路需要枕木,抗战之前均是通过进口获得,此为开发利用本国自然资源,为节省外汇计,故而约请森林专家勘察铁路沿线之森林资源,然后再成立林木公司,以保育森林,开发木业为宗旨。其时,木材室经过几年发展在国内声誉渐起,且已对四川林木作有调查,在中工所所长顾毓瑔力争下,木材室肩负起此项重任。

在两部下达任务之时,已对木材需求量有初步预计:雅安及洪江各需电杆木3.5万根,綦江铁路需枕木7.4万根,黔桂铁路需36万根,湘桂铁路衡阳桂林间每年更换需12万根,粤汉铁路每年更换需10万根。两部下达经费共10万元,各出一半,以一年为期。勘察内容:川康之大渡河及青衣江流域,贵州、湖南、广西、沿铁路线之主要林区,调查树种、数量、林地主权,采购方式,运输线路及运费等各点,以便于勘察完毕后,拟具计划,筹设林木公司,以辅佐国

---

① 陈德忠编:《情系古嘉州》,四川文艺出版社,1992年,第22页。

家林政,并解决交通用材之急需。

唐燿在7月中旬奉命,积极筹备,拟就勘察计划,草定勘察须知,罗致工作人员、购置必需用品等。木材所此前能出野外工作者仅王恺一人,此增加柯病凡,凭此力量尚无法在一年之内完成如此范围之考察,乃约定其他机构加入。唐燿出身南高东大,在中国生物学界由秉志、胡先骕以南高东大为基础,培植形成一个学派。唐燿自然从中选择适当人员参加,今不知其具体邀请经过,仅就唐燿所撰《总报告》获悉具体承担机构和人员,王启无、汪振儒、蒋英均属此学派之传人。此据《总报告》记述勘察团之各分队成员及考察路线等情形,再简略介绍各分队之报告。各考察队排序依照《总报告》排序。

(1)川康队由柯病凡担任,勘察青衣江及大渡河流域之森林及木业,注重雅安一带电杆之供应,及洪坝等森林之开发。曾就洪雅、罗坝、雅安等地调查木材市场,就天全之青城山勘察森林;复经芦山、荥经,过大相岭抵汉源,勘察大渡河及洪坝之森林,更经富林,由峨眉返乐山。行程1 700余里,共历时两月余。柯病凡抵达西康省会雅安时,当地《建康纪要》刊登一则消息云:"柯队长已于日前抵雅,现正着手办理调查一切事宜,甚望当局予以协助,并盼今后康人对此多多提倡种植与保护,俾将来之康省林木,予中央以莫大之贡献云。"[①]想必勘察对西康省而言是一件事务,予以便利。

柯病凡刊出报告有三篇:《青衣江流域木业之初步调查》(《中农月刊》第四卷第五期,1943年5月)、《天全之森林副产业》(《农业推广通讯》第5卷第8期,1943年8月)、《天全青城山之森林》(《科学世界》第12卷第6期,1943年8月)。其后又发表《天全伐木工业调查》(《中农月刊》第5卷第1期,1944年)。

(2)西南队由王恺担任,勘察赤水河流域附近之森林,都柳江(都江、榕江、融江)一带之林木,以及桂林、长沙等地木业市场。8月由乐山出发,沿长江而下,调查宜宾、叙永、古蔺、赤水、合江等地之森林及木业;复由贵阳乘车至都匀,经墨充步行转黄山勘察森林,更乘车往独山,起旱至三都(三合都江),沿都江乘船赴榕江;路行至黎平、从江(用从下江)、榕江三县交界之增冲、增盈勘察森林,调查伐木;再沿榕江下行,经从江、三江至长安镇,调查木业。抵融县后,曾由贝江河溯流而上,至罗城三防区之饭甑山,勘察森林,调查该区伐木状况后,折返融县,沿融江经柳城至柳州,乘车至桂林,调查该二地之木业情况;复

① 农林交通两部组川康林木勘察团,柯病凡率领来雅,《建康日报》,1942年9月3日。

乘湘桂路往湖南之衡阳，转粤汉路往长沙，调查木业，沿湘江，经洞庭湖边境至常德，转桃源之辄市调查木业。此行经过四省，历时约四月。

王恺发表报告二篇，《西南(川南、贵阳、桂林、长沙)木业之初步调查》(《中农月刊》第4卷第10期，1943年10月)、《黔桂湘边区之伐木工作》(《木材试验所特刊》，第35号，1943年)。除此之外，王恺还写有《西南队勘察纪要》一文，其言文章内容如下："此次赴西南勘察之目的，筹备情形、前人已有之工作、勘察行程路线、逐日工作纪要、工作效果及建议诸节。"此文对人事记载当更多，惜未发表，若为手稿今或不复存在矣。

此时王恺已有野外考察经验，不仅知悉如何作业，即便寻求所经之地相关人士之支持均如是。其自乐山经重庆而赴贵州，在重庆往中工所拜见所长顾毓瑔，一为报告所况，一请所长开具相关介绍函。中工所秘书主任张宗泽致函唐燿曾有言及："王恺兄过渝赴筑，曾来所谒见所长并与弟晤及。得悉贵室最近工作详情，所长备极嘉许。王兄在渝期内，关于本所应办公文证件均一一备齐，所长并私函沿途各有关机关首长，请为协助照料，详情想已由王君先函奉告矣。"①王恺此举得体，甚合所长之意，其后所长直接予以提携。关于调查之准备，王恺本人其后也有回忆：我记得有一次为着赴西南各省实地勘察枕木、电线杆的供应问题，每到一地都要与当地报社联系，介绍此行的目的和已取得之成果②。查其时之报纸，果然检出湖南韶关《中山日报》有一则消息，"交通农林两部林木勘察团西南队，由王恺率领，今由渝抵筑，据王氏谈，日内与此间当局接洽后，即转至黔东湘桂各地实地勘察。"③

(3) 黔桂分队：云南农林植物研究所王启无担任，勘察黔东、桂北一带之林木；并就广西罗城北部之天然林作较详细之勘察。其沿清水江而下，勘察林木，在剑河之南哨以上，发见大片原始林，在锦屏之小江口、八挂河、平路、隅里、稳洞、偏坡(湖南)、远口，岔初、中林、鳌鱼嘴、楼梯坡等苗寨墟市，勘察杉木；更由黎平之蹲硐、扫硐、八洛，而入广西之福禄、长安等地，由融江转入寺门河，抵罗城，详勘罗城北部森林一月。然后由罗城北部之杆岗，越九万山，复入

---

① 张宗泽致唐燿函，1942年9月28日，四川省档案馆藏中央工业试验所木材馆档案，160-01-008.

② 王恺：自传，1952年，中国林业科学研究院档案室藏王恺档案。

③《中山日报》1942年9月17日。

贵州之从江，勘察榕江北部寨高以上之林区。惜是时适值苗变，未能深入。总计此行，经三千里以上，历时近三月。

王启无发表报告三篇，《贵州清水江流域之林区与木业》(《农业推广通讯》第五卷第九期，1943年9月)，《广西罗城九万山森林之初步勘察报告》(《科学世界》第12卷第4期，1943年8月)，《黔桂铁路枕木供应勘察纪要》(《黔桂月刊》第33期，1944年1月)。王启无在清水江流域发现大面积天然林，其言："自南哨河、河口及排寨至南江寨，沿途约三十里，人烟稀少，连绵不绝者俱属老林。在南哨河之三大支流及其溪支，在两旺乌迷两河之上源，俱多大面积的阔叶林。""林区辽阔，人烟稀疏，全属公山，绝非私人产业。划归公营，绝无问题。尚望有关当局，及早图之，对抗战建国，均属有利。"①不知天然林区之植物类群其后在学术上有何意义。

(4) 广西分队：主要勘察湘桂铁路广西境内枕木之供应，由广西大学森林系汪振儒教授主持，由蔡灿星、钟济新沿湘桂路勘察恭城、灌县、全县、兴安、灵川、临柱、百寿、永福八县之林木，为时约二月。该队以分队名义发表《湘桂黔桂铁路广西境内枕木供应之调查纪要》(《黔桂路》半月刊，第34期，1944年2月15日)。

(5) 湖南分队：主要勘察湘桂及粤汉两路间三角形地带内枕木之供应，系由中山大学蒋英教授主持，由林锡勋往祁阳、零陵、道县、永明、江华六县，由曾昭钜往宜章、临武、蓝山、嘉禾、桂阳、郴州六县勘察。该队也是以分队名义发表报告《湘桂粤汉路间湖南南部十二县枕木供应勘察纪要》(《湖南省银行经济月刊》第7期，1944年4月)。

勘察团总经费10万元，不知如何分配和使用，仅在木材室档案中，有王恺《月报》，其中1943年4月有云："结算此次西南勘察用费，计实支国币9615.00元。"若以此为平均数，5个考察队，勘察费用即5万元。尚余5万元，不知为何最后印行完整考察报告之经费也缺乏，不过通货膨胀也是原因之一。

勘察虽有明确之目的，但参加调查之人员多为植物标本采集员。王启无、钟济新、蒋英均为中国著名植物采集家，在野外必定采集新异的植物种类，只是唐燿《总报告》不记述这些。即便中央工业试验所木材试验室虽注重于木材标本收集，但亦采集收藏腊叶标本，只是不作分类学研究，与四川大学生物系、

① 王启无：清水江流域之林区及木业，《农业推广通讯》第5卷第9期，1943年。

云南农林植物研究所常交换标本，想必其勘察员王恺、柯病凡也采回腊叶标本。

此次考察今已鲜为人知，作者曾撰写民国时期大多植物研究机构之所史，已深入涉及王启无、钟济新、蒋英等人之事迹，此前均未见关于此次考察之记录，今为搜集唐燿史料才偶尔发现。今日研究植物分类学者或偶见此次考察之标本，可以此文字予以佐证。

木材试验室调查各地木业，复根据可靠之数据，就中国伐木量和战后需要量，作出初步估计，编《中国林区储量简表》、著《中国森林产销简图》，经数年不断之努力，对于中国重要林区及市场重要木材之种类，数量，已略见端倪，并得到初步系统之认识。

3. **木材力学研究**

木材力学研究需要试验机器，在北碚时期，虽已开始筹备器械设施，迁乐山之后未能立即恢复，但依旧准备试材，后发现先前播迁至此之武汉大学工学院机械系有可供木材试验之机器，如万能机一台、韧性机一台。唐燿遂与工学院院长邵逸周相商，得其同意，遂于1940年寒假期间借用，开始试验。邵逸周(1892—1976年)，安徽屯溪人，1909年毕业于伦敦帝国科学工程学院皇家矿物学校。1930年12月至1941年7月，任国立武汉大学教授兼工学院院长。

木材室开展木材力学试验，先为进行由中国木业公司四川分公司所赠木样，作川产主要木材之韧性试验和纵压试验，以便为商用木材应用提供基础数据。1941年暑假，重点对木荷、丝栗二属树种进行试验，试材系王恺自峨边、沙坪采得，被锯成试棒783根，按国际标准，制成静曲、韧性、横压、压痕、剪刀及劈开等七种试样。但在进行之中，武汉大学因人员变动，工学院院长邵逸周调离，陆凤书代理院长。机械系新任主任白郁筠提出木材室使用其试机，应收取费用，且金额甚巨。请看唐燿向所长顾毓瑔汇报之函：

本室为试验木材力学性质，借用武汉大学试机经过。最初接洽成功以后，正式进行试验之种种情形，历于各月份工作报告中详加陈述。正式试验系于本年九月四日开始，进行中间极为顺利，迨至十月底，工学院机械系主任易为白教授郁筠，忽持异议，谓借用试机须附有条件，试机之折旧及试验人员薪给二项，须由本室每年给与三万元，并将试验由武大代做，以便保管。适居间斡旋之该系材料学教授庆善骥亦以他种原因不再

> 担任该系课程。该主任借接收材料试验室之原由，嘱试验人待正式条约签订后，再行继续。
>
> 燿与白主任前因未尝谋面，乃转托相知教授叠加代为疏通解释，又知对方意见亦甚分歧，必需藉一机会，聚晤磋商临时解决办法。随于十一月一日邀请共餐，工院陆院长、白主任暨其他有关诸教授均在座。经叠次恳谈结果，白主任始表示让步，并提议在合作条约未曾正式签订前，本室仍暂继续使用试机，惟以学校已开课，亦需使用试机原因，彼此使用试机时间不相冲突原则下，暂定每星期二、四、日全日及星期一、五日上午半日为本室借用试机工作时间。至折旧试验费等问题，俟在商订合作条约之际，再详为讨论。
>
> 十一月十三日燿更往武大王校长星拱商谈折旧费等问题。王校长略言：因该机对外合作事，类此尚有，机器过分使用，必受相当损失，折旧费条件，亦系略加限制之意。
>
> 觇测上陈情势，折旧费在校方似欲必得而后已，虽数目多寡似尚可商量，惟兹事重大，燿未敢擅决，理合报告，请示办理。至于试验一节，已依照白主任提议办法，自十一月十日起进行矣。①

武汉大学要求予以经费补偿也属正常，木材室接受其他机构委托之事，其机构也予以经费支持；惟要价三万元，未免太高。是时木材所年经费才七万元，难以支付。此项力学试验，是木材室自行之项目，未有其他资金资助。经过唐燿一番沟通，借用试机勉强继续进行，但为时不久，12 月 17 日武汉大学拟就一份与中央工业试验所木材试验室技术合作协议，并以校长王星拱名义致函木材室，其云"与本校技术合作，在正式合作办法未签订前，已与本校机械系白郁筠主任协定办法，暂行实施。业经本校同意照办。兹经拟定正式技术合作实施办法一件，特缮具两份，随函奉达，如荷同意，即祈依式签订，加盖钤记，掷还本校，以便签署。"所拟协议中要求每年三万元折旧费和人员费用不变，且事前未面商，即要求签字，实是强人所难。唐燿自然又是向所长顾毓瑔呈报。

---

① 唐燿：为报告借用武汉大学试机进行力学试验其中校方忽提出要求应如何应付请示办理，1941 年 11 月 15 日，台北"中央研究院"近代史研究所档案馆藏经济部档案，18－22－03－070－05.

顾毓瑔于 12 月 30 日回复曰:“草约第七条规定每年津贴该校经费三万元,为数亦嫌过巨,仍仰就近与该校商定双方同意办法。”

1942 年 1 月中旬,武大工学院前院长邵逸周自成都返回乐山,唐燿又请其从中斡旋,并请陆代院长、白主任来木材室参观,对补偿经费事仍未达成意向,但为时已是寒假,试机有空,白郁筠乃提出,由中工所补助一千元,再使用试机一月。如是力学试验,暂未中断,又进行一月矣。如此艰难,唐燿在与顾毓瑔通讯中,明确言之属于“人事问题”。

一月过后,木材室继续使用武大之机器设备,直至完成研究项目。至于木材室与武大之间协定如何,则不知矣。其后,与武大交涉具体事务,由王恺处理,据其《工作记要》记载:“7 月 6 日,与孙震全君谈力学试验事,约于午后在该院与严际蘧君详谈。谒杨先乾教授,谈力学试验事。杨于每人每周工作三上午(7—12 时),报酬 150 元,继与周、孙、严君会谈,周君不愿参加,孙可参加六上午,报酬日 300 元,严君二上午,报酬 300 元。”武大人员参加参与其中,以获得一定报酬,于个人收入不无小补;而武大不求在研究成绩发表时署名。

唐燿在试验之前,已查阅文献,设计好试验方案,所写甚至在《木材室特刊》上公开发表,如编译《木材力学试验指导》《木材力学抗强在不同含水量时之调整法》《木材之韧性》等。试材分为两部分,一为静生生物调查所之标本,一为试验室来乐山后所采集。1941 年 11 月屠鸿远新来木材室,唐燿即嘱跟随其后研究木材力学。1942 年春,何定华新来试验室,代替屠鸿远而从事之。

在武大所做测试主要是木荷和丝栗两个树种,唐燿在进行此项试验之同时,还与屠鸿远合作进行《国产重要木材之基本比重及计算出之力学抗强》,论文刊于 1942 年 12 月出版之《木材室特刊》第三十一号。该试验是根据木材之炉干重量及浸水后之体积,求得国产 121 种木材之比重,称之为基本比重;复根据基本比重计算出此等木材之力学抗强,此基本数据可供使用国产木材之参考。

在武大力学试验持续二年,研究报告于 1945 年始才发表,列为《试验馆特刊》之三十九号和四十号,名之为《中国木材材性之研究(一):木荷》和《中国木材材性之研究(二):丝栗》。此为木材学综合研究,除力学试验外其,还有其他试验内容,可谓集合全试验室人员参与其中,“木荷报告”对此有所交代:

图 4-22　唐燿在乐山木材试验室，1943 年摄

收缩试验、比重测定由屠技士鸿远主其事，已故助理员王华世佐其事，历时二载以上；纤维及导管之测定由助理研究员成俊卿佐其事，从事力学试验者有助理研究员何定华、何天相（协助分配试材）、助理工程员张定邦及武大机械系学生多人；协助整理力学试验结果者有屠鸿远，整理比重者有柯技士病凡、制表绘图者有魏亚、李先荫，校队则由柯病凡、魏亚任其劳。本文自试材之采集、锯制、分配、试验及整理，前后历时三载，惟以战时人力、物力之种种困难，苟非各方之协力及本馆工作人员之热忱从事，则此草创之作，尚难睹其成也。①

"丝栗报告"参与者大致也如"木荷报告"，两份报告均署名为唐燿。唐燿为此试验谋划甚久，在北碚时，即已着手。甫来乐山，集合试验室几乎全部研究力量，并利用乐山之社会资源，方得此成绩。此再分别摘录试验报告关于此

① 唐燿：中国木材材性之研究（一）木荷，《经济部中央工业试验所木材试验馆特刊》，第五卷，总第三十九号，1945 年。

两属木材之评定：

> 川产木荷，材质中等，其硬度略近于松柏材之铁杉，但远较杉木为强，柏木为弱。其材质致密、美观，不难加工，惟收缩性大，为茶科木材一般之特征。若经适当干燥，以免开裂，可为家具、室内装修及胶板等，以代枫香木，颇为适当。若用于潮湿之地，宜先防腐以期耐久。①

> 丝栗为川西沙坪林区重要之阔叶材，曾由中国木业公司输出大量巨材，就其强于抗压言，苟经过适当之防腐处理，仍不失为一种优良枕木之用。就其收缩性而言，经适当干燥后，变形较小，以之供车轮之制造、军工之器械，以及大量刨为薄木，制造层板，均属相宜。②

研究报告刊布不久，抗战胜利，中国社会又进入另一种动荡，不知木材试验馆之研究成果，其后是否曾得到运用？不过此项研究成绩为木材馆最为重要之成果，亦为唐燿在木材馆期间最为重要之成果。两文出版之初，唐燿即准备投教育部学术审查委员会，请求评议以获相应奖项，先于1946年12月以木材试验馆名义向教育部索要评审条例和有关表格，后于1947年5月唐燿亲自将两篇论文和表格呈送教育部。教育部请梁希、姚传法为之审查，不知具体意见如何，后获得1946年、1947年两年一届应用科学三等奖。此前1944年，唐燿也曾以《中国木材材性研究》论文，申请获得教育部颁发应用科学三等奖。同一作者两次获奖，在教育部所颁奖项中也属仅有。

七、著名人士莅临视察

1. 所长顾毓瑔

1941年下半年，中工所所长计划至后方各工业机构视察，乐山也为其中一

① 唐燿：中国木材材性之研究(一)木荷，《经济部中央工业试验所木材试验馆特刊》，第五卷，总第三十九号，1945年。

② 唐燿：中国木材材性之研究(二)丝栗，《经济部中央工业试验所木材试验馆特刊》，第五卷，总第四十号，1945年。

站,木材试验室负有接待安排之责,但行程一再展期。12 月 2 日,唐燿致函中工所秘书询问,“所座出巡,想又展期矣,念念!”待第二年 5 月,顾毓瑔已行至叙州,云将自五通桥视察黄海化学社后而往乐山,唐燿致函所长同行人员云:“吾兄于五通桥动身来乐前,用电话或其他有效方式(先一日便函,交可靠本地人由桥来乐,带至此间,送达大佛寺白塔下敝室,亦甚便),先行示知到乐时间,以便下山恭迎,并告知住宿问题,至为企盼。”①可见唐燿对所长莅临重视之程度。关于所长出巡,油印《中工所通讯》刊登巡访行程,逐日记载,此摘录其在乐山行迹。

六月二十六日　在井公务已毕,原拟于今晨赴嘉定(乐山),嗣因崇福钢铁厂主人颜心畬氏坚留午餐,并参观该厂,因于下午一时离井赴嘉,经容县路渐平坦,槐榕夹道,苍翠欲滴,过五通桥,沿岷江两岸,水榭亭台,垂杨十里,大有秦淮西子之胜,行抵距嘉定约仅十五里,遥望峨山,隐约天际,须臾大佛寺、乌尤山,并现眼前,沿途风景,不亚江南。木材室唐主任伉俪偕四五职员,迎立大佛山麓,以为时已晏,旋即趋车渡江,入嘉定城,寓于木材室预定之交通银行宿舍。

六月二十七日　晨八时赴大佛寺,观察木材试验室。室在大佛寺右首之姚庄,为一私人别墅。屋宇精美,风景绝佳,实一理想之研究环境也。木材室各项研究工作成绩及事务处理章则,分款展览,满目琳琅。随所长一一参观,并加检讨。下午二时出席木材室全体同人欢迎会,先由唐主任报告三年来工作概况,继由所长训话,对各位同仁工作慰勉有加,并对世界木材工业前途作详尽之介绍与指示,以作木材室今后推进工作之凭藉云。

六月二十八日　星期一,晨九时,随所长出席国立中央技艺专科学校纪念周,所长演讲“科学与现代工业”。下午分往全华酿造厂、嘉业纸厂、华新绸厂及航空委员会降落伞厂,晚应计专周校长约宴于全家福餐馆。

六月二十九日　晨九时所长偕余及唐主任曙东、陈厂长莘洲前往五通桥参观永利化学公司,有傅冰芝、钟履熙及该公司技术业务高级职员陪同参观碱厂、桐油裂化汽油厂、陶瓷厂、机器厂等,历时三时有半。各厂均有相当规模,以一私人企业团体,在物质材料贫乏之抗战期中,尚能挣扎

① 乐山中央工业试验所木材试验室档案,160-01-008.

推进,孜孜不倦,永利同人之气魄与精神,诚有足多。饭后永利同人坚留所长过夜,出席当晚之座谈会及翌晨之欢迎会,以另有约未果。旁晚返嘉,中途并参观永利深井工程处。

六月三十日　晨游嘉定城内名胜,午应交通银行及永久黄联会办事处公宴,下午所长出席中国工程师学会嘉定分会欢迎会,到会百余人。所长除报告总会会务外,并讲演"同盟国生产与世界战争"。

七月一日—四日　峨眉胜迹,举世闻名,距嘉定仅八十华里,因于忙里偷闲,随所长伉俪及唐主任、陈厂长夫妇等一日上山,四日旁晚返嘉。此行收获甚多,另有游记。

七月五日　昨由峨眉返嘉,拟勾留一二日即赴成都。是日晨九时,因解决木材加工厂厂址问题,乃应唐主任之邀,随所长前往乌尤寺,进用素餐,并商洽木材室各项待决事。后因查勘木材加工厂厂址之便,分往工矿调整处、木材干馏厂、华嘉水泥厂参观,中正纸厂以停工,过门未入。晚由所长名义公宴嘉定各界代表,到来宾约百余人,席间所长报告本所木材室工作概况,并说明今后工作方针,须由各有关方面时予协助便利云。

七月六日　所长晨偕唐主任为木材力学试验机事,往访武大校长和王星拱、工学院谭院长、机械系白主任等,中午应嘉定各国产工厂联合公宴,席间所长致词,永利阎幼甫先生等演说。

木材试验室隶属于中央工业试验所,所长之于试验室重要,不言自明。顾毓瑔此来乐山,室主任唐燿安排周到,几乎全程陪同,当属应尽之责。除《通讯》所言及者,早在所长尚未抵达时,拟赴峨眉,唐燿即嘱柯病凡绘制峨眉地图,以便行程。顾毓瑔在考察试验室给予唐燿及试验室甚高之评价,在研究人员欢迎会上,所作之《训词》,本书前就相关言论已作一些摘录,此再摘录一些赞誉之词和寄托之语:

我这次来到三年来常想到的地方——嘉定木材室,觉得非常高兴。在这里各方面看了半天,对我个人实在是增加学识的好机会。……八年前的理想,现在至少已有相当基础,虽不能与美国林产研究所媲美,但是有了很好的基础,各方面再合力以赴,将来必定会与美国并驾齐驱。木材这东西不仅为日用必需品,民生国防上是占着很重要的地位。……今天

> 看过诸位的工作，非常钦羡，可知在唐先生指导下的试验室，其方法制度已与国外不相上下，这非但为中国之木材工业树基础，至少在国外也有相当地位。最近家兄在印度考察返国，据称印度木材研究几个机关，已致函唐先生，商讨各项木材问题，这是很可庆幸的事。北碚被炸，我们损失甚大，但是唐先生的精神也与我相同，始终如一。我想这种精神在蜷缩真可以做模范。所以研究工作已不成问题。只要积年累月，自然会积沙成堆，如对江的沙滩一样。觉得缺乏的就是工程方面，我们应把工程方面的基础打起来，我想唐先生学问是很博，可是要有年轻而对于木材有兴趣的工程师配合起来，并要和本所纤维室、油脂室、纯化室充分联系。木材工程方面有了办法，木材工业就可以树立基础，我想不久总可以达到目的。

所长希望木材室在工程方面也要有所作为，继而批准木材室设置试验工厂，但是由于厂址不能落实，顾毓瑔在乐山期间，还曾为此事与地方政府联系。从顾毓瑔在乐山走访和受各界欢迎之程度，可悉其在中国工业界中的地位，但其为实验工厂厂址而奔走，并未得到预期之结果，关于此在本章第一节中已述。

顾毓瑔在试验室《训词》由承士林记录并整理，存于档案之中。试验室欢迎所长会议，实是学术报告会，成俊卿之记录云：

> 所座于六月廿六到嘉，廿七来室视察，下午召集全体同人训言，多所指示与鼓励。屠君在学术报告讨论会报告国产木材之基本比重至详，王君报告吾国西南与华南林区之概况，本人则报告中外天然林区面积统计之经过及来室服务所作之工作，最后讨论一般森林调查报告之缺点。[1]

欲了解试验室情况，最好方式莫过于听取研究人员之研究报告，何况顾毓瑔本是工程专家，对木材学怀有兴趣，听取报告之后，能体会各人研究之深浅，可予以针对性之扶持。也许诸人之报告，让顾毓瑔满意，以上赞誉之词系由衷而发。其后顾毓瑔对王恺、柯病凡即以特别关顾。

---

① 成俊卿：工作月报，160-01-021.

2. 中英科学合作馆之李约瑟

李约瑟(Joseph Needham),中名尼德汉。英国皇家学会会员,剑桥大学生物化学教授,时任重庆中英科学合作馆主任,英国驻华使馆参赞。1943 年 5 月,李约瑟和他的助手在乐山考察了五天,参观了武汉大学、中央技艺专科学校之后,5 月 31 日参观木材试验室。三个月后,李约瑟将这次考察所见所闻写成《川西的科学》一文,发表在 1943 年 9 月 25 日和 10 月 2 日之《自然》杂志。其后中国学者将李约瑟在中国考察所写文章翻译结集出版,其中记载其参观木材室之观感:"离城不远,在大佛下面的高坡上,有一个国立木材试验室。此室为一极努力的唐燿博士所主持,他一直到战事发生为止,都与各国森林学界保持联络。此室之工作,甚为活跃。美国约有 1 千种森林木材,中国有 1 千种,在每一种情形之下,约有 10% 有其真正之价值。此室搜集有全世界很多的木材标本,并藏有可羡慕的复印本与胶片。"①此段文字,多有不够准确之处,不知是原作有误,还是翻译之错。其一,木材室地理位置是在大佛寺之上,而不

图 4-23 李约瑟在木材试验室留影,唐燿摄

① 李约瑟著;徐贤恭、刘建康译:《战时中国之科学》,中华书局,1947 年 11 月。

是“大佛下面”；其二，木材室藏木材标本1千多种，而不是中国有木材1千多种。木材室自写通讯报道，留存在档案中，其中有一段记载李约瑟到访，录之如下：

> 中英科学合作特派员尼德汉教授，于五月卅一日由武汉大学总务处徐贤恭教授、理学院代理院长叶峤教授陪同来室参观。经与唐主任详细商谈并陪同参观，逗留至三小时之久。对于该室各项工作及陈列深为赞赏。尼氏对木材化学、干燥试验最感兴趣。据称以后将为本室延揽国外专家来担任工作，及就彼任务上力谋与本室合作。临行并在参观题名录意见栏内自缮中文“万木理森著”五字，其意谓有关木材之真理，均汇集于此，亦可知尼教授印象之一斑。①

唐燿对李约瑟来访，甚为重视，在其抵达之前，嘱同仁对陈列室重新布置。柯病凡《记要》于五月二十九日记有：“因英教授尼德氏将于下星期一到室参观，故本日协助王恺先生布置陈列，张工揓洗所有之陈列品，并将悬挂大门内西侧墙之嘉定商用木材标本加以学名签，以便尼氏参阅。”屠鸿远则校对木材室英文概况一文，也参与布置陈列室等。该概况或系赠予李约瑟者。李约瑟在留言簿有英文留言：Here a thousand principles about wood are concentrated and displayed.（这里集中展示了一千余种木材标本）。可见其对陈列室展出木材标本印象之深刻。

其后李约瑟从事中国科学史研究，并未兑现其之承诺，反倒是曾在木材室工作之徐迓亭后跟随李约瑟，任其中文秘书，此中因缘际会则不知也。

今日英国剑桥大学李约瑟图书馆网站展示此时李约瑟在中国后方访问学术机构所拍摄大量照片，其中亦有到访木材室者，为木材室留下珍贵史料矣。

3. 经济部长翁文灏等

1944年4月中旬，翁文灏偕经济部次长谭伯羽陪同美国专家一行八人，赴川西各地视察资源委员会所属事业②，美国专家有美国借贷管理局驻华代表乔蔼纳及文化合作教授麦克弥伦等。视察期间曾于4月16日到乐山视察经济

---

① 中工通讯，四川省档案馆藏中央工业试验所木材试验室档案，160－1－009.

② 李学通：《翁文灏年谱》，山东教育出版社，2005年，第307页。

部所属中央工业试验所木材试验室，所长顾毓瑔也陪同前来。当唐燿获悉翁文灏将来乐山，自然对接待事宜作详细之安排，在木材室《通告簿》留下这样一条：

> 奉主任谕：翁部长即将由渝来乐视察，本室筹备欢迎事宜，指定柯病凡君负责陈列室，由屠鸿远、樊文华及成俊卿君协助，张金堂君负责总务事宜，由刘晨、曹伏、章蕴华、先建成、杨继淑及李潜君协助，仰即迅速筹备，于十二日以前办妥。①

此项通告十日发布，以两天为筹备期，实是不知翁文灏何日抵达。录此通告，可借之回到当时之场景，获得某种亲历之感。至于翁文灏此行其他细节，未见其他记载。翁文灏视察之后，对木材室在短短几年，成绩如此之大，甚加赞誉，且将试验室改称试验馆，即有提升之意。按行政体制而言，若要提升试验室，即脱离中工所，而独立为木材研究所，但这样调整可能一时又不能办到，只是予以一种名义，也是一个荣誉，此后木材试验室更名为木材试验馆。

翁文灏、谭伯羽、顾毓瑔在视察之中，还分别为试验馆题词留念。

> 翁文灏题词：以精深之研究；搜山川之蕴藏。
>
> 谭伯羽题词：材尽其有。
>
> 顾毓瑔题词：十年树木，百年树人，松杉桧柏皆栋梁；物尽其利、材尽其用，樗栎桦楠亦凌云。上款为民国卅三年四月十六日，翁部长莅木材试验馆视察，因撰此赠曙东兄。②

翁文灏、顾毓瑔虽为研究科学之人，但其旧学造诣亦深厚，题词不仅富文采，也甚贴切。只是这些手迹已散失，幸赖唐燿十分珍惜，将其记录在案，得以流传。

唐燿曾将木材所出版物寄呈教育部长陈立夫，1942年8月11日陈立夫致函唐燿："承赠《木材试验室概况》一册，披览之余，深佩擘画周详，布置妥善，此

① 160-01-006.

② 唐燿：《五年来工作概况及成效·廿九年至卅三年》，木材试验馆印行，1945年1月。

项试验，在吾国尚属首创，台端以专家担此重责，知必能研究有得，为木材工业之示范也。”四川省主席张群于 1944 年 7 月参观试验馆，返回后亲笔致函顾毓瑔：“中国木材以性能不详，为从事工程者所惮用，坐致日靡良材，外求异国，每为知者所病。木材试验工作，为贵所抗战后新兴事业之一，久劳硕画，绩效聿昭，其俾助战后建设，实匪浅少。此次出巡川南，虽未得一接清言，然备观施设，略觇规模，亦深见数年惨淡经营之力，良所佩慰也。”凡此种种，皆有感而发，在抗战期中，有此令人赞誉之成绩，殆不多见。

1945 年 2 月美国对外经济局(F. E. A.)派出专家来华援助考察，其中有顾菊才(J. Gould)者，在重庆考察中央林业试验所，对该所各组研究工作均有良好影响。重庆考察结束之后，鉴于中国木材资源与木材工业建设之重要，甚愿一览西南林区与现有木材工业以及木材研究机构，乃于 2 月 19 日由副所长、木材学家朱惠方陪同前往乐山，时值严寒，未能深入林区，仅在乐山参观中工所木材试验室及其木材干馏厂和乐山木材市场等。①

① 本所朱副所长陪同美籍专家赴乐考察，《林讯》第二卷第二期，1945 年 3 月。

第五章 木材试验馆

DIWUZHANG

經濟部中央工業試驗所 木材試驗館工作報告(二)

五年來工作概況及成效

請 指正

中華民國三十四年元月印

1944年4月经济部部长翁文灏来乐山木材试验室视察，对试验室四年来取得成就甚加赞誉，即将试验室予以升格为试验馆，而依旧隶属于中央工业试验所，其组织条例未有试验馆建制，此次升格并未见正式文件备案。改名之后第二年，试验室进入第五年，唐燿对此节点甚为重视，虽然无力举办庆祝活动，还是编辑出版一册《五年来工作概况及成效》，对五年工作，尤其是研究工作予以全面总结。唐燿自作序言云：

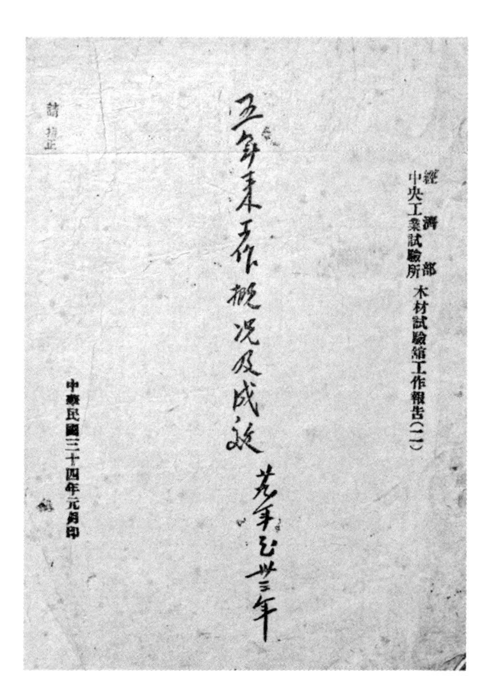

图5－1 《木材试验馆五年来工作概况及成效》封面

> 作者秉承顾所长一泉博士之领导，主办木材专门之研究事业，转瞬不觉五载。在这五年艰苦岁月中，苟有少许之成就，那就是在物力、人力极端艰苦之战时环境下，奠定了中央木材研究事业之一部分基础，树立了与国外研究机构差可媲美的科学环境，引用着待人接物的新标准，向着科学事业化、社会化、中国化的新趋势迈进。今后倘能充实设备，加强其组织，则本馆因专门图书、标本之丰富，固不难担当“迎头赶上”的重命。①

唐燿依旧踌躇满志，心怀希望。然而，木材馆之改名，仅是改名而已；唐燿希望加强其组织，但其建制未有任何变化。随着时间推移，在国家经济日渐凋

① 《经济部中央工业试验所木材试验馆五年来工作概况及成效》，木材馆印行，1945年1月。

敝背景之下,抗日战争未久虽获胜利,中工所复员,自重庆迁往上海,而木材试验馆仍守乐山,后改隶于重庆工业试验所,但其事业却渐渐式微;再后来,国民政府败走大陆,试验馆被人民政府接管,易名为林垦部西南木材试验馆;1952年又被改组并入中央林业部林业科学研究所。

一、改名木材试验馆之初

木材试验室改称木材试验馆后,没有带来积极发展,反而是事业萎缩。本书前已记述在改名之后,1945年4月唐燿意将试验馆苦心经营之杂志《特刊》和《专报》合并为《木材技术汇报》,孰料不仅没有实现,且所有刊物至此全部停刊,包括《林木》杂志。此中缘由,固然是事业经费在通货膨胀之下已是非常拮据,还在于主要研究人员之离开,且看1945年元月试验馆人员之分工:

沈兰根:经管力学试材及有关物理力学试验之仪器设备。

柯病凡:担任陈列、引导参观,并保管腊叶标本。

成俊卿:担任新到文献摘引,并保管木材标本。

喻成鸿:担任图书出纳,并保管切片设备。

赵述清:主办馆厂会计,并秉承主任意旨总理事务。

陶诗:协助会计方面记账、制表、保管有关簿册单据等。

曹觉:掌管出纳,印鉴,协助保管一部分重要财产。

余继泰:主办有关文书编辑,人事等项。

陈砚耘:缮写公文报表,收发文件,登记人事动态(进退请假),保管档案及其他公布通报记录等事项。

李潜:协办文书会计及其他各部门缮写事项。

先建成:担任办理员工福利及缮写等事项。

张寿和:担任支配工友(包括木工),保管财产,购置物品等有关庶务事项。

黄治钧:担任送取文件,公共食堂之一切事务。①

① 木材试验馆员工名册,1945年,四川省档案馆藏中央工业试验所木材试验室档案。

若将主任唐燿也计入,试验馆共计 14 人,与 1941 年人员总数并大致相当;但是在事业有所发展之后,人员本应该有所增加。事业若逆水行舟,不进则退。人员未有增加,说明事业陷入困境;再看人员结构,从事研究者仅有 5 人,且 2 人还系入职未久,即喻成鸿、沈兰根;余皆事务管理人员,形成倒置。离馆者有王恺,1944 年 8 月中工所选派 12 名人员赴美研究实习,王恺名列其中。在王恺前后有屠鸿远、樊文华、承士林、张定邦等离馆,1945 年后,又有柯病凡、成俊卿辞职。研究人员几乎是集体离开,不知是否还有其他具体原因。没有研究人员,无从支撑成为研究机构。在此困顿之中,唐燿又聘得喻成鸿、沈兰根,并将先前因病离职之何定华招来,此三人也仅是何定华坚持下来。简述如下:

图 5-2 抗战胜利后之唐燿

喻成鸿(1922—1993 年),江西南昌人。1944 年 8 月西北农学院森林系毕业。自 1940 年起该校森林系毕业生王恺入职木材试验室后,木材室在该校森林系即有很好声誉,每年都有 1—2 名新毕业者前往乐山。喻诚鸿毕业之后,于 11 月 16 日来馆报到,但第二年 4 月即离开。其在乐山研究情形不知,只是其在木材馆收入不足维持生活,不得不在中学任教以补不足,因而研究工作大受影响。其后,抗战胜利,1947 年辗转至上海,入中央研究院植物研究所。此所工作和生活条件较木材馆而言,大为改善,在该所一年时间里,以英文发表了两篇木材解剖的论文,第二年又发表两篇中文论文①。短短几年中,喻诚鸿显示出才智过人。吴七根评述喻诚鸿木材学研究云:

> 喻诚鸿先生从 1948—1956 年一直从事木材解剖研究工作,他研究过的木材种类是多方面的,从商用木材之解剖,到活化石植物水杉木材的研

① Yu, C.H.: Anatomy of the commercialtimbersof Kansu. Bot. Bull. Acad. Sin., 1948, 2(2): 127-130.
Yu, C.H.: Thewoodstructure of Metasequoia disticha. Bot. Bull. Acad. Sin., 1948, 2(2): 227-23.
Yu, C.H.: Anatomy of sixconiferouswoods of Sikang. Bot. Bull. Acad. Sin., 1949, 3(4): 150-152.
喻诚鸿: 关于水杉的命名,科学,1949,31(2): 57-58.
喻诚鸿: 甘肃商用木材之解剖。该文就同所邓叔群在甘肃所采木材标本,加以解剖观察而作一检索表,俾于鉴定之用。

> 究，既研究过裸子植物的木材，如球果植物的，松科植物，亦研究过被子植物的木材，如双子叶植物的木材。他不仅注意积累木材解剖的资料，还注意探求一些具体种的分类位置。他十分重视“建立一个比较完善的植物自然分类系统”，认为这是“植物学中最基本的问题”。他进一步指出“这种系统的确立，对改造植物有机体来说是有很大意义的”。他深刻地认识到弄清木材解剖特征的进化趋势就能为建立“比较完善的植物自然分类系统”提供有价值的参考证据。①

然而，喻诚鸿木材解剖学之基础当来源于木材试验馆，虽然为时仅半年，还受生活困苦之压迫，未开展具体研究，但唐燿还是有所施教，获悉木材构造学之基本原理。1950 年喻成鸿入中国科学院植物分类研究所，后调往中国科学院华南植物研究所，依旧从事植物解剖学研究。

沈兰根(1914—?)，中国木材学早期研究者中少有之女性，广东澄海人，1935 年中山大学物理系毕业。曾任中山大学助教，航空委员会航空研究院木竹试验组研究员。1944 年 11 月 1 日到木材馆，翌年 2 月即离开。沈兰根最后在中国科学院华南植物所，从事竹子研究。

图 5 - 3 何定华

何定华(1918—2009 年)，河南南阳人。1942 年 8 月西北农学院森林系毕业，因屠鸿远介绍而入木材试验室。到乐山之后，参与木材力学试验，工作和学习均甚为努力，不料半年后患上肺病，不得不辞职回老家养病。1947 年，木材馆几乎没有研究人员，唐燿得悉何定华已经病愈，乃致函召回。因担心肺病复发，延至第二年 5 月才成行。重回乐山之后，何定华主要工作是协助唐燿编写《中国森林资源》一书，并担任木材物理性质试验工作。其对从事木材研究在 1955 年有这样回忆：

> 1942 年春，快要毕业时，屠鸿远来信说，可以介绍到乐山木材试验室

① 吴七根、梁元徽、叶秀粦：怀念植物解剖学家喻诚鸿教授，廖景平科学博客，https://blog.sciencenet.cn/home.php? mod=space&uid=38998.

> 工作。屠鸿远是早我一年毕业于森林系的同学，入校时是一班，在一起较好，当时他已在木材室工作。当时我认为研究工作有前途，就立即答应了。毕业考试刚过，我就去了。当时因为才从学校毕业，并且认为这一工作很有前途，抱负很大，工作很努力，但不到半年，有一天午睡起来，忽吐了几口血，经医生检查说是肺病，思想就忧虑起来，对个人前途非常灰心……
>
> 唐燿写信约我回到木材馆。木材研究对自己有前途，非常愿意，就答应了。数年来，对中国森林资源方面有了初步的了解，对于木材知识和研究，也得到一些粗浅的认识，对这一进步，我很感谢唐燿博士对我的教导。①

何定华协助唐燿撰写《中国森林资源》并未出版，撰写确切情形，由于四川省档案馆藏木材馆档案，于此之后，即非常之少，不得而知；至于其他情形，也无从得知。而在中国第二历史档案馆所藏经济部档案中，有中工所所长顾毓瑔呈函经济部，时在 1947 年 1 月，为结束乐山木材试验厂事。其云："查本所木材厂尚在创业期间，自抗战胜利到来，情势变迁，不易维持，开工尤感困难，爰将该厂业务暂行结束，移交木材试验馆接管，经令该厂遵办。"②木材试验厂在瓦厂坝房屋建成二三年，未曾有过试验，至此予以结束。其移交也是徒有其名，木材厂与试验馆实为一家。

二、木材试验馆继续隶属于中工所

1945 年 9 月，抗战胜利，中央工业试验所奉命还都，原所属 8 个试验室和 5 个试验工厂仍留在西南，继续工作，并成立中工所西南区办事处，负责管理。所留下机构中并不包含木材试验馆和木材试验厂，而是计划将其东迁。不知何故，并未组织实施。唐燿自云："中央工业试验所迁回上海，我鉴于科学研究工作需要比较稳定的环境，更不愿抛弃苦心经营的一点基础，决定留在乐山继续工作。在这以前，我也没有应命前往东北接收长春日伪兴办的'大陆科学

① 何定华：自传，1953 年，中国林业科学研究院档案室藏何定华档案。

② 顾毓瑔呈经济部，1947 年 1 月 29 日，中国第二历史档案馆藏经济部档案，全宗号四，案卷号 22238。

院'的木材事业部分。虽则当时梁希教授也来函敦促过。"①诚如唐燿所言,其木材力学研究之力作关于木荷和青冈之试验报告,即在 1945 年年底整理出来发表;但这也只是此前发展之余势,此后不仅唐燿、整个试验馆均未有新作问世。

试验馆滞留在乐山,乃是由中工所西南区办事处代管,1946 年 6 月唐燿向办事处提交"木材试验购置机器仪器三年(三十六——三十八年)继续预算纲要",节录其陈述文字如下:

> 本所木材试验馆草创于廿八年秋,以应战时急切之需要,惟当海岸封锁之战时,设备自属简陋。八年以来,工作重心,多偏重于资源调查,一部分物理、力学试验,木材切片及多种初步工作。查本所木材事业为举国唯一之中心机构,致力于全国性各种木材学之系统及用途之改进,允宜积极充实设备,以便展开工作,与时励进。回溯廿九年,本馆曾草《中国林产试验馆计划书草案》(《特刊》第四号),就组织大纲、工作计划及整个事业之经费,加以统筹。其后更就航空用材之研究试验,草《建树吾国航空用木材事业刍议》(《特刊》第十一号)。列举必要之设备。惟因战时环境所限,多成泡影。兹时根据政府继续预算原则,拟定木材材性试验及木材材性改进等项目七项,就必需设备、建筑及事业费三年计为美金四十五万元(详编末附表)。此项数字,似属惊人,然就一九四一年美国林产研究之事业费一项而言,即达六十三万美金,则吾国建设木材研究之三年合计仅及其一年之三分之一,是小巫之见大巫矣。②

唐燿以为抗战胜利,国家将重新建设,其木材学研究也将获得一次机遇,故将酝酿已久之理想重新提出。西南区办事处主任戴维清、副主任彭光钦对此,甚为赞同,8 月 12 日将此计划纲要转呈中工所所长顾毓瑔,并致函云:"该馆历年工作成效极佳,并于国内外负有盛誉,此一举国唯一之中心机构,在本

① 唐燿:《我从事木材科研工作的回忆》,中国科学院昆明植物研究所印行,1983 年,第 24 页。

② 经济部中央工业试验所木材试验馆木材试验购置机器仪器三年(三十六——三十八年)继续预算纲要,1946 年 6 月,台北"中央研究院"近代史研究所档案馆藏经济部档案,18-22-03-134-01。

所策划下，似应续能助其发展，以使据计划逐渐付诸实施。”10 月 15 日顾毓瑔回复云：计划纲要所拟建筑及装置与经常费金额，是按战前国币估值，按目前国币值与战前比较，最低比率为 1∶5 000，则第一年所需国币为 13 亿元。“此项巨数，本所三十六年度预算内无力拨付，应于该区卅六年度预算项下统筹办理。”顾毓瑔仅就中工所总预算情形，即否定木材馆之纲要不切实际。最后西南区核拨多少于木材馆，由于档案匮乏，不知如何？但从木材馆人员收入微薄，难以为继而纷纷辞职，可以想见所得经费甚微？

按中工所之规程，各试验室每月需向所提交“工作月报”，此前木材试验室均履行此规程。但自改由西南区办事处代管之后，即未撰写“工作月报”，向所呈报。1946 年下半年连续几月，仍未接到月报，所长顾毓瑔乃致函办事处，云：“查该处木材试验馆七、八、九、十、十一各月份工作报告，迄未呈所，诸与规定不合，应即转饬该馆尅日补送，以后务必按月编报，不得迟延。”对违背所规，所长措辞甚为严厉。于是木材遂提交一份半年至“工作报告”，今借此可知此段时间，木材馆至情况。

> 本年度下半年，正当复员期间，员工思归心切，纷纷告假返里。本馆柯副工程师、魏技佐均请假返里（十一月底返乐），新委之夏、戴二君，中途亦南旅，加以本年度事业费共仅 1 317 270.04 元，与上年度几相埒，加以木材工厂之资金停拨，故本年经费与上年度较，实不啻减少一半。因此工作推进不无濡滞。所幸本馆调查试验工作俱略有根基，因此，在艰苦环境之中，对木材资源之整理、试验标准之厘定、木材手册之编著、木材构造之系统研究，均有进展。此外更草就乐山木材平衡含水量试验，刊布《陕甘青林区木材产销》（《中农月刊》）、《木材平衡含水量及天然耐腐性试验须知》（《农业推广通讯》）。经常与国外研究木材之机关，保持联系。本馆主任近更得美国洛氏基金协助美金二千元，添购刊物；获选为世界木材解剖学会之理事，诚吾国学术界之一“光荣”。异日苟能将本馆应有之设备，优先加以充实，则本馆对中国木材之研究上，固不难步欧美之后尘，执国内之牛耳。
>
> 本所王技士，于七月底由美专加，参观加拿大之林务局、林产研究所及纸厂、锯木厂等，复至加东各省，参观纸研究所及伐木等工业，于九月底折回美国中部，研习航空测量，并整理报告，据谓拟于明春一、二月间返国云。

> 总观本所木材研究事业，在抗战期间，自二十八年秋创办以来，倏满七载，其间因设备、人员之有限，几乎在赤手空拳，单人独马下工作，目下馆厂各费，均已结清，多项初步工作，亦略告一段落，培养之人才，仍在本所工作者，有王恺、屠鸿远、柯病凡等君，其他各机关，所培养之专才，亦蒸蒸日上，今后如何推陈出新，要在添购必须设备，加强工业性试验，以佐吾国木材工作之改良与推进。倘本馆所拟三年继续预算中，明年度能有美金八万元之购置，则百尺竿头，想可更进一步矣。①

该份半年工作报告，甚为敷衍，在经费紧缩，人员减少情形之下，已乏善可陈；所列举几项，亦多在半年之前所完成，即发表时间最近者也在1946年6月。至于唐燿获洛氏基金资助美金二千元，是否是指1942年获得该基金2 500元，还是又一次。1942年2 500元，其中500元用于购买图书，2 000元用于购美仪器；若又有一次，则未见其他记录。1949年后，唐燿反复申说，此2 000美元是资助其个人，而非木材馆。

《工作报告》言培养人才在本所工作尚有三人，离开者也在其他机关从事木材研究，此亦木材馆之成绩，诚然；但与木材馆前途则无裨益。其时，研究人员在流失，而留所三人中，仅柯病凡一人在木材馆。王恺、屠鸿远已被中工所送往美国留学，他们出国经费均在木材馆经费开支，有如下记载：1945年9月西南区办事处致函中工所"王恺出国费用拟在木材加工试验工厂创业费项下支付。"柯病凡《自传》"屠鸿远1945年初离开乐山，到南京等候出国，我按月替他领工资寄给他。1946年出国后，工资仍寄他哥哥屠鸿勋，直到我离开乐山为止。"柯病凡系1948年2月离开乐山。

在人员纷纷离去，经费减半情形之下，唐燿还在重提其此前推陈出新之三年计划，显然不切实际；此时，各机关均在复员，唐燿还困守乐山，不去依靠中工所，亦背常情。如此一来，只能让木材馆陷入更大困境。

1947年经济部为划一工业试验机构，适应全国各地区工业建设需要，于各重要城市分别设立工业试验所，即成立中央、重庆、北平和兰州四所。重庆工业试验所于5月1日接收前中央工业试验所西南区办事处暨所属油脂、胶体、

---

① 唐燿：木材试验馆三十五年七月至十二月工作报告，重庆市档案馆藏重庆工业试验所档案，114-01-635。

纤维、制糖、化学药品、化学分析试验室，于12月1日正式成立，任命彭光钦为所长。翌年4月6日经济部训令中央工业试验所将木材试验馆移交重庆工业试验所，但中工所依旧办理木材材性试验室，即借用木材馆这部分内容，继续在乐山办理。唐燿接此通知，即赴重庆，与渝工所所长彭光钦商谈交接办法，得出五项原则。彭光钦即致函顾毓瑔，报告此结果：

一泉兄：

五月十二日惠示敬悉，曙东兄来渝谈商木材试验室交接，及以后合作问题，当经决定原则五项：

一、中工所乐山木材试验馆全部移交渝工所，改设木材试验室。

二、中工所材性试验室暂设乐山，借用渝工所房屋及设备。

三、中工所乐山木材馆原有人员全部由木材试验室留用。

四、渝工所暂派四人，并商请唐燿技正兼任主任（不兼薪），人员由唐主任推荐。

五、中工所材性试验室与渝工所木材试验室在工作上合作，经费上各自独立。

商谈情形，料曙东兄已有信报告，俟中工所办理移交手续，渝工所即委派人员进行工作。弟意如此办法，在工作上及人事上，均少困难，较易办通，未识兄意以为如何。

耑此，即颂

潭安

弟　光钦　拜首　五月十八日

顾毓瑔接此函，对此五项原则表示同意，即分别致函彭光钦、唐燿，对下部交接予以指示，此录致唐燿函如下：

曙东兄大鉴：

顷接彭所长光钦兄五月十八日来函，藉悉乐山木材试验室交接事宜，吾兄与彭所长所商定原则五项，核其内容，尚属可行，已予同意。兹请即依据该项原则，将本所前木材试验室移交重庆工业试验所，并着手造是清册，1. 经费收支清册，2. 人事动态清册，3. 财产清册（包括原料成品），

4. 技术研究资料清册,5. 印信文卷清册各五份。专案报所,以凭核转。至本所木材材性试验室及所有工作人员仍暂留川,并借用重庆工业试验所木材试验室房屋物品,此已函商彭所长光钦兄同意,继续合作,推动工作。至本所木材材性试验室所需仪器设备,务请酌留一部分,以供应使用。

专此

勋祺

顾毓瑔 启

如是渝工所继续任命唐燿兼任其木材室主任,随即命渝工所木材室兼任主任唐燿与中工所木材室主任唐燿办理交接手续。如此交接,似乎有些荒唐,不知此中决定是如何作出。大胆设想,在经济部作出全部移交渝工所后,中工所不好违背,但顾毓瑔以其对木材学之兴趣,又不愿放弃,即在其中工所下设置木材材性室。但其将木材室人员与设备分开,无论如何不为唐燿所接受,采取模糊方式,留下一些设备,又如何操作?唐燿视苦心搜得之材料若生命,当留下尽可能之多。然而移交过少,也不为彭光钦赞同。第二年,即 1949 年 9 月 5 日彭光钦致函经济部:"该室拟交予本所之应用器材为数过少,深恐未来工作无法开展,至未遽予接收,并已呈报在案。"①

渝工所接收木材馆不成,还是依靠中工所下拨经费维持。然而在通货膨胀日渐严重的情况下,员工所发薪津已不够维持生活。在木材馆服务多年之工人张寿和言:

抗日胜利后,中工所还都,木材馆全体职工留乐山工作,有段时间每月薪水要由南京汇乐山,时间较长,加以物价天天不断上涨,领薪水时,钱不值钱了,尤其是工人们伙食不够,在这种情况下,由领导要求上级照南京标准汇来发给,上级也准了,但还是跟不上物价上涨。②

张寿和(1920—2009 年),四川犍为人,小学文化程度,1939 年经人介绍到乐山武汉大学理学院物理试验室任工友,翌年被木材试验室招来,其工作较一

① 彭光钦致经济部函,1949 年。

② 张寿和:自传,1951 年,中国林业科学研究院档案室藏张寿和档案。

般人员勤劳负责，得到同仁信任，唐燿将其由工友提任为雇员，再提升为事务助理员和技术员。曾同王恺赴野外采集试材和标本，后从事标本整理和木材切片等工作。在木材室工作时间最久者，除唐燿，即属张寿和。

图5-4　张寿和

当1949年春，华东地区被中国人民解放军解放之际，中工所宣布停办木材馆。木材室完全失去经济来源，陷入极大困难，留守人员仅留下唐燿、何定华、张寿和等几人。唐燿、何定华不得已在计专学校兼职授课，以求渡过难关。何定华言：

> 一九四九年四月，中工所自南京逃跑，馆中一直没有发过薪水，我家的生活仅靠以前积累的少许薪津来维持，生活很困苦，至十月间，由同学介绍到乐山计专兼课，教桑树病虫害学。本来我对这门功课是没有修养的，仅在大学时读过一般树病学及森林昆虫学，得到一点常识，当时虽然怕教不好，但为了生活，终于教了。①

何定华1948年5月重回乐山后不久，其妻子带二个孩子也来乐山，家累甚重，此时即便授课，也不够糊口，幸得其同学，乐山计专图书馆工作之杜建藩之援手，才维持到乐山解放。

此时，中工所随经济部已迁至广州，想起乐山木材室，才令渝工所予以接收。此时，国民政府败退往至重庆。兹录在此期间，唐燿致渝工所所长彭光钦一函，以见木材室之情况：

> 光钦所长勋右：
>
> 别来不觉经年，遥维公私迪吉为颂。八月初奉中工所穗字第0147号训令，转奉本部七月十六日经穗(38)人字第80518号令，略谓原在乐山之木材试验室尚能照常工作，应归并重庆工业试验所接管，为此当向部中催拨原保留之职工名额经费，尚未得复，想大所亦因经费困难，遽之未能办理。

① 何定华：自传，1952年，中国林业科学研究院档案室藏何定华档案。

查敝处自四月后，迄未能领到薪给，半载以来，不胜困危，今国府即迁重庆，拟恳费神迳再洽商，速为设法将原保留之职员四人、技工二人、工役三人，自五月起之薪给拨到，如不克续办，另请代为洽领遣散费，以免久悬。兹因路阻，未克来渝，特请乐山水泥厂总务科长罗璧玖兄来渝之便，代为谒商，请面示机宜，至为感谢。

耑此，并颂

道绥

唐燿　拜上　卅八年十月十八日①

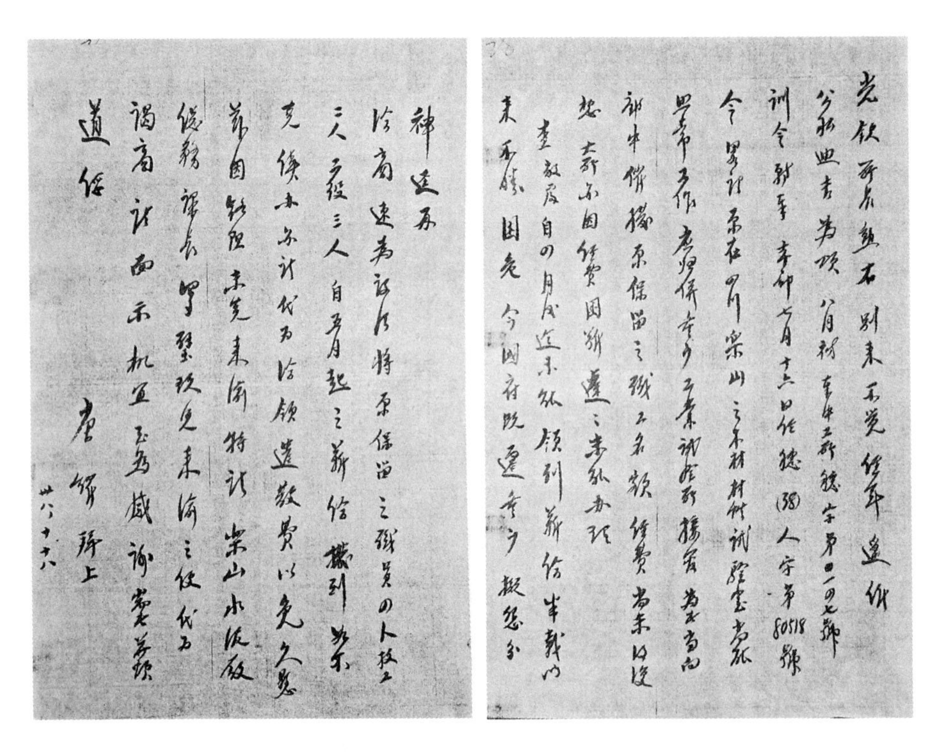

图 5－5　唐燿致彭光钦函

然而国民政府很快败走大陆，此事不了了之。1949 年 12 月 16 日，中国人民解放军解放乐山。困顿之中的木材室员工预感革故鼎新，其事业将会得到

① 唐燿致彭光钦函，1949 年 10 月 18 日，重庆市档案馆藏重庆工业研究所档案，114－01－635.

新政府之支持,生活也会得到改善,充满希望迎接解放军。何定华言:“当我第一次在大佛寺后门外看到一个解放军时,感到无限的兴奋。”而唐燿一直在等待这一时刻的到来,其记述甚为详细:

> 一九四九年十二月上旬,乐山谣言不少,我的心情也不安定,是留守在试验馆保住标本资料呢,还是隐蔽到乡间保全性命!这不是没有考虑过的。值兹千钧一发之际,张寿和等职工,毅然担当了保护木材馆财产的职责。回忆乐山解放前夕,国民党残部果然据城挣扎,向河对岸射击。位于凌云山的馆址,正当城郊山岭争夺战及渡河战的前哨。夜间馆外土墙中弹一枚,流弹毁坏墙壁不少三十余处。所幸馆内所藏专门文献及木材标本,均未遭波及,为国家保存了一份元气。

图5-6　唐燿、曹觉夫妇晚年在昆明

> 乐山解放后第二天(十二月十七日)早晨,我和老伴曹觉,怀着喜悦和敬佩的心情,用竹筐盛了一锅稀饭和小菜,到大佛寺人民解放军的驻地慰问。隔了几天,我们很高兴地用红绸写上“木材馆的新生”的纪念词,邀请城内友人来馆欢聚,并签名留念。

为了庆祝新中国的第一个元旦，我记得我们曾用各种木材的本色，镶成“为人民服务”五个大字的木框，悬挂在乐山木材馆门前。两旁的一副对联为：“没有中国共产党，怎能产生人民解放；缺少科学的研究，鲜克完成工农建设”，藉表达科技人员当时的心情。①

以唐燿此前之办木材试验室之经历和眼下之面临之困境，自然对新政府充满希望，所以有如此积极友好之态度，等待新政府接管。

三、中央工业试验所在上海另组木材试验室

抗战胜利之后，中央工业试验所部分试验室复员至上海，顾毓瑔仍任所长。顾毓瑔本有将乐山木材试验馆迁至上海计划，不知确切原因，该计划未能实现。待 1947 年王恺自美国留学归来，顾毓瑔即请王恺在上海重新组建木材试验室，且与上海扬子木材厂合作，将试验室设于外白渡桥之木材厂内。

王恺出国在 1943 年。是年经济部部长翁文灏批准一笔外汇，让中工所选派一批优秀技术人员赴美学习技术，全所共选派 12 人，王恺系唐燿推荐列入其中。王恺在重庆准备出国期间，顾毓瑔介绍其到中央大学森林系听梁希讲课；按政府要求，出国人员必须参加中央训练团受训，是年 9、10 月王恺接受为期 35 天之学习；临行前，顾毓瑔还举办茶话会，为赴美学员饯行，一番鼓励之言，并告抵美之后，由世界贸易公司副总经理任士达对每位学习予以安排，去各工厂学校学习。1944 年王恺在美国先入密西根大学研究院学习一年，且获得硕士学位，其论文题目 *A Preliminary Study on Staypak*（压缩木初步研究）。后在美国、加拿大有关木材研究机关或工厂参观访问二年。其自述云：

我在密西根大学林学院作为研究生学习有一年。在这一年间，主要精力集中读书外，还研究了压缩木，写了一篇硕士论文。我在北美各地参观是以中工所木材试验室工程师的身份出现的。主要是参观研究单位和

① 唐燿：《我从事木材科研工作的回忆》，中国科学院昆明植物研究所印行，1983 年，第 25—26 页。

工厂，如美国林产研究所、华盛顿大学林学院、加拿大林产研究所、美国胶合板厂、家具厂、门窗厂、木桶厂、木粉厂、刀锯制造厂、木工机械厂等。[①]

王恺在美学习和考察期间，甚为留意胶合板制造新技术，此为其时木材工业之新产品，极大提高木材利用率，受到瞩目。王恺学习成绩不仅优秀，且看见美国科学先进，工厂林立，国家兴盛，则有"工业救国"之思想。他说：

> 1944年赴美，眼见美国工业的发达，又转想到"工业救国"之必要，因此曾集合部分同学组织"普立实业公司"，拟回国大搞实业。归国后因多人工作地点分散，不久即行瓦解。在美喜于广事搜集有关资料，指导我的美籍教授便说："你何必如此认真学习，将来你们需要的胶合板，可以从我们美国买去，或者我们帮你们办几个工厂就得了。"听悉之余，面红心怒，民族自尊心，油然勃发。[②]

在美三年，王恺时常与所长顾毓瑔和室主任唐燿通函，告知学习情况和考察见闻，也因此通函，得悉国内复员后木材试验馆情况。当其回国时，不愿回乐山，而留在上海，也合顾毓瑔在上海组建木材试验室之意，遂与扬子木材厂合作组建。自组建到1949年初上海解放，试验室共有六人，除室主任王恺外有技术员罗正央、办事员翁文彦三人，技佐魏亚、技佐张牧森和技佑戴昌年，魏亚和戴昌年均曾在乐山木材馆工作过。

试验室主要工作是与扬子木材厂合作，试制各种胶合板，不到一年即获得成功，且出口至美国，但第二年因美国提高胶合板进口税，导致扬子厂胶合板无法再出口，而在国内销售；除此之外，试验室还为木材厂试制出一些新产品，使该厂获利不少。

扬子木材厂原为日本占据时期之日本在华企业，原名扬子江木材株式会社。1947年被中国政府接收，而政府为奖励抗战有功之实业人士，予以他们优先承购，胡光麃在受奖之列，以低价购得，并改名扬子木材厂。胡光麃（1897—1993年），字叔潜，四川广安人，13岁考取北京清华学堂中等科，毕业后选派赴

① 王恺：我参加中工所木材试验室工作的经过，中国林业科学研究院档案室藏王恺档案。

② 王恺：我的入党申请书，1960年1月29日，中国林业科学研究院档案室藏王恺档案。

美游学,在麻省理工学院专攻电机工程,与胡适之及许多名流密切交往。1920年归国,以实业救国、在沈阳、天津、上海、重庆等地兴办实业,有允元实业公司、启新机厂、华西兴业公司、四川水泥厂、重庆电力厂、中国兴业钢铁厂等企业,业务涉及机械、钢铁、水泥、电力、铁路等多个产业,木材厂只是其中之一。此将木材试验室设于木材厂中,如同唐燿前在乐山,在试验室之外开设试验工厂一样;但唐燿费尽所能,也未办成;此在上海,只需借他人之力,即见成效。科学事业需要借助社会资源,乐山偏于一隅,虽有自然资源,但欠缺社会资源,事业不易兴盛,最终唐燿苦守之木材试验馆还是不得不前往重庆。

还是回到此时中工所与木材厂合办木材试验室,该室在王恺领导之下,开展了那些工作?戴昌年 1964 年写道:

> 当时试验研究项目贫乏得很,主要从事一些厂内木材加工技术改进,搞些原木进锯出料率提高和胶合板,尤其是胶的试验工作。魏亚、张牧森,尤其是练习生具体协作胶的试验改进工作。魏亚再作些木材的物理和力学性能试验。我当时主要搞些森林土木和伐木采运的翻译研究,也作些木材性能试验,张牧森作些木材化学的试验,好像也没有什么进展。①

或者两年时间较为短暂,这些零星研究,除胶合板外,其他尚难见诸成效。不过王恺还是发表《上海市之软木工业》《木材之热性质》《伐木用斧之研究》等文章。后一文系与戴昌年合写,看似简单,居然引用外文文献 9 篇,插图 11 幅,还有表格数据,以及数学力学推演,反映王恺工程技术研究水准之高。此再看魏亚所写关于胶合板研究之回忆:

> 从 1947 年到 1949 年,该室主要工作即为扬子木材厂试验各种胶合板,进行各种胶的调制,如豆粉胶,其它为人造树脂胶、尿素胶、胶纸胶,以上诸胶为美国进口;还有血粉胶、牛血胶等。其中豆粉胶价格便宜,但胶力较差,而且不耐水;美国胶质量较好,价格昂贵;牛血胶则兼有耐水价廉等优点,缺点在于加工费事。牛血胶我们虽然研究过一个时期,但后来就停止了。其中以豆胶进行时间较长,并长期在该厂试用。我们还给他们

① 戴昌年:木材试验室在上海,1964 年,中国林业科学研究院档案室藏王恺档案。

经常试验产品质量，遇有质量事故，还代为分析检查，由于豆粉胶成本较低廉，该厂曾获得大量利润，美国胶利用于制造出口胶合板，但数量较少。胶纸则用于制造层集木，以加工纺织用木梭和打梭棒，后因质量不高，不为他方欢迎，也中途停止。

用美国胶制造的高级胶合板也曾经制造过航空用的空投箱，当时由王恺提出意见，扬子厂方有清工程师进行绘图制造，也做过炮弹箱。空投箱曾进行过试验，装好失效的步枪子弹，在不同高度空投到地面上，再检查空投箱损坏情况，检查时到飞机场时，由王恺、罗正央和我三人乘坐胡光麃的小汽车去的。投箱大概是三个，降地面后，全部损坏，但程度不同。①

试验室试制胶合板成功，为木材厂带来丰厚利润，木材厂则以5%之利润作为回报给试验室。王恺也深得胡光麃之赏识，胡光麃为社会名流，时有人来厂参观，其都要引领到木材室参观，夸耀木材室成绩，并说该室是扬子木材厂试验室。

1949年后，魏亚在中国科学院沈阳林业土壤所研究木材、罗正央在北京林学院任教。魏亚言空投箱试验并不算成功，但台湾传记作家刘绍唐主编《民国人物小传》，其中“胡光麃传”却言该试验获得认可。或者因此之故，在国民党败走大陆时，木材厂得军方协助，安排船只将该厂设备运往台湾。其言：

三十七年冬，扬子公司与经济部合作，研究成功一种空投箱，以代替传统式之降落伞。此种空投箱，投掷命中率高，且在空中不易被发现，经军方在南京、上海作空投试验，成绩优异。一九四九年，得军方协助，扬子公司一千余吨器材，得以顺利输运来台，在高雄设立新厂，继续研究有关军用的木制品，并供应活动房屋、桥梁等物。②

不知此项试验成功是确有其事，还是胡光麃自我吹嘘？但木材厂迁台却是事实。迁台之前，胡光麃还邀请王恺一同赴台，踏勘高雄厂址。

① 魏亚：我所指导的王恺，中国林业科学研究院档案室藏王恺档案。

② 刘绍唐主编：《民国人物小传》第19册，生活·读书·新知三联书店，2017年，第189页。

木材试验室仅存二年许,诸同仁对王恺儒雅敦厚之为人,甚为称颂。木材厂工程师方有清云:在上海时,他对人和气,不苛、诚恳,说话不叫人难受。木业界的人经常请他讲话或示范,但对外厂技术保密。他在厂内经常穿美国工人穿的蓝色白点粗布衣服,与工人接触多,厂里人对他反映好。他有钱就买书,衣服也没有什么像样子的。老教授陈植在一次九三学社组织的学习会上说:学林的我就佩服王恺,我解放前去扬子参观,看见王恺穿着工人衣服,参加生产实际。此为方有清 1965 年所写,此时其与陈植都在南京林学院任教。王恺能成为著名木材学家,得到学界赞誉,是由诚恳踏实而来。

王恺自美国回国之时,系三十而立之年,按其人生规划,原本希望去林区,深入调查森林,而不是留在上海。他从美国带回一台轻式收音机,就是准备到林区后收听。曾说:我们在四十岁以前,就要往外跑,在林区、在工厂搞实际工作。五十以后教教书,六十岁以后就可以写作了。然而王恺人生道路,并非任由其本人选择。1949 年 5 月上海解放,中央工业试验所被接收,改名为华东工业试验所。1950 年 5 月,王恺调北京光华木材厂任工程师兼厂长,1973 年 10 月又调入北京市木材研究所任厂长,1979 年 5 月再调入中国林业科学研究院木材工业研究所,先后任木材所所长、林科院副院长。

四、中央农垦部西南木材试验馆

四川乐山解放后,12 月 20 日成立乐山县人民政府,1950 年 1 月 12 日成立乐山专区,管辖乐山县周边多个县。未久乐山专区派科长傅乃时到木材馆,接洽接管事宜。唐燿接待,介绍木材馆情况。傅乃时毕业于中国共产党所办延安自然科学院生物系,其对唐燿说:共产党对科学研究极为重视,对你完全信任,请造财产、人员清册,送交军管会,就算接收。于是自 1950 年 1 月起,木材馆即由乐山专署领导,按月下拨人员工资,接收时员工仅有五人。不久还下拨公杂费和修建费,人心始得初定。至 6 月,在重庆成立西南军政委员会农林部,由其接管此前西南区地农林研究机构,木材试验馆拟在接管机构之列。

1949 年 10 月 1 日中华人民共和国在北京成立,中央人民政府政务院下设林垦部,主管全国林业事业,梁希任部长。梁希与唐燿同为研究木材学,早有密切交往,抗战胜利,梁希曾推荐唐燿赴东北接管日人所办大陆科学院之木材研究所,唐燿因不愿离开木材馆而未前往。当唐燿获悉木材馆将被西南军政委员会农林部接管，但其认为木材馆属国家级机构，为求事业得到更好发展，应隶属于中央林垦部，遂与西南农林部商量，得其同意。唐燿乃于1950年6月17日呈函梁希，请求林垦部接管木材馆，如过去隶属于经济部相似。在今日国家林业和草原局之档案中，未觅得唐燿此函，但有7月5日梁希签署林垦部复唐燿函，以此公函乃悉原委。其文曰：

> 六月十七日来信收到，关于乐山木材试验馆的隶属问题，本部同时接到西南军政委员会农林部公函，商请今后办法，作下列决定：1. 你馆原系研究机构，本部为求研究划一，将你馆直属于中央林垦部，乐山在业务技术上，由本部领导；2. 你馆位于西南行政区所辖范围内，为使得到地方的照顾，在行政方面，由西南军政委员会农林部领导；3. 你馆每年事业费，由本部核定拨给西南农林部转；4. 西南农林部所拟你馆一九五〇年的林业事业费分配预算表，已经本部审查，认为合理，希你馆将五〇年之工作计划，暨按月进度情况，详列送呈西南农林部转呈本部；5. 一九五〇年事业费158 730斤小米（北京小米价格计算）已汇寄西南农林部，即可先向该部请拨半数使用，余款留存该部，依你馆之实际需要，按月或按季拨给。
>
> 此致
>
> 乐山木材试验馆唐燿主任
>
> 部长　梁；副部长　李、李①

7月，经中央人民政府财经委员会核定，木材试验馆由中央林垦部和西南农林部双重领导，改名为中央林垦部西南木材试验馆。8月，西南农林部在重庆召开农业生产会议，唐燿前往出席，在林业组宣读《西南林业建设商榷》一文。在重庆期间，当与农林部商谈木材馆事业事宜，其后由西南农林部核准《临时组织草案》。《草案》重新界定木材馆业务内容及组织构架，当为商定内容之一。此录《草案》如下：

> 一、业务：以调查木材产需，试验研究木材性质，改进林产用途，减低林产使用上之浪费为业务中心。

---

① 林垦部复唐燿函，1950年7月5日，国家林草局档案。

二、木材馆业务上由中央林垦部领导，行政上西南农林部领导。

三、木材馆暂分事务及技术两科。

四、木材馆设馆长一人，承中央林垦部及西南农林部之命，督导全馆工作。

五、事务科设主任一人（可由高级技术人员兼任），统筹全馆总务及其他技术以外各项事务。事务科得斟酌实际需要，分组工作，各组设组长一人，并有秘书或文书、会计员、事务员、助理事务员、图书员、编译员等，分别担任各组工作，其余得由技术人员兼任之。

六、技术科为加强专业研究，拟分基本研究、木材物理及力学、木材防腐及化学、木材机械若干组工作。

七、木材馆本年度职工名额，暂规定技术方面设正副工程师、及助理工程师、工务员、主副技师及助理技师、技术员、助理技术员、练习生等共十二人。

八、本办法由西南农林部核准后，准暂施用。①

图5-7 中央林业部西南木材试验馆徽章

这份《草案》将木材馆试验研究强调其应用性，在馆内组织机构，显然征求唐燿之意见，其过去已开展之工作，又得到延续。技术科人员12人，与过去也基本相当。事务科5人，与过去比则有减少。《草案》实施前，木材馆仅有5或6人，唐燿又开始招聘人员。第二年划拨经费5亿元，有大幅提升，人员增加至11人，且还调配一台二十五吨力学试机。此乃唐燿心仪已久之设备，今竟得之，更让其感知今昔天壤之别。

1951年11月，林垦部召开全国木材会议，唐燿应邀前往北京出席，并在会上作报告。参会者为与木材有关各领域人员，如生产部门、消费部门、林业行政部门及木材专家。唐燿云："本人代表乐山木材试验馆，对木材合理使用，作简单说明，根据梁部长的报告，此次会议的中心任务有二：1. 木材的统一调拨，

① 拟中央林垦部木材试验馆临时组织草案，1950年11月，国家林草局档案。

2. 木材的合理使用——精打细算，研究如何节省木材。"参会者大多行政人员，故唐燿向大家介绍一些木材的知识，以达到合理使用目的。最后，唐燿还介绍木材试验馆情况：

木材试验馆的前身为静生木材试验室，一九三一年成立。……木材馆收藏的参考文献，在抗战期中，并无损失，现有一万册件。试验馆的工作，调查市场木材，调查可开发的木材资源与可采伐的木材，并对木材的性质、力学作有系统之研究。西南各主要林区的树木，希望将各林区的木材名称与各种性质，作一系统的研究。力学方面曾依木材的基本比重，算出其工程应力；物理性方面，曾作纵的与横的两方向的收缩，亦曾作木材力学试验的草案，木材工程方面的工作做得较少。解放后，木材试验馆由林垦部领导，工作方针以减少木材浪费，增进其利用，改良其性质为主。试验馆撰写文章有六十篇，《特刊》出版有五卷四十三号，有木材标本七千号。最近想把十年工作付印，最后，我请求木材生产及消费部门与木材试验馆取得密切联系。①

唐燿介绍木材馆，是为树立木材馆地位，求得更多研究项目，此均在情理之中。但云"最近想把十年工作付印"，则有些突兀。唐燿素来注重木材馆历史进程之记述，1944 年木材馆成立五周年，印行《五年来工作概况及成效》一书；此又去五年，增补成《十年来工作概况及成效》。然而此时，木材馆刊物尚未恢复，想必唐燿提出申请，还未批准，此又借机提出，希望付印"十年工作"，而实现其愿望，此亦其精明之处。其后，该书并未印出。唐燿晚年著述中，曾引用其中文字，殆为手稿。此又去几十年，不知该稿尚在人世否？

唐燿来北京参加会议，是其自 1935 年离开北平赴美留学之后第一次，十五年重回北京。想必要看望静生所旧人，拜见胡先骕；此时静生所已与北平研究院植物学研究所合组成中国科学院植物分类研究所，想必也到该所，拜见所长钱崇澍。1950 年初，中国科学院接收静生所时，胡先骕在交接会议上言："（静生所）过去有一点图书、仪器、森林标本尚存于四川乐山的木材试验室唐

① 唐燿学术报告，1951 年 11 月，根据记录整理，国家林草局档案。

燿先生处,将来亦可索回。把唐燿邀请至科学院工作,也是很好的事情。"①在科学事业大重组之时,胡先骕仍然关心唐燿。当唐燿拜见钱崇澍时,即谈到静生所在试验馆财产,"静生生物调查所并入中科院后,我在1951年赴京时,曾面询该院植物分类研究所钱所长处理办法,他说可皆留在木材馆"。对历史有了交待。

或者西南农林部为木材馆有更好发展,在第二年7月拟将木材馆迁往重庆,中央林垦部认为:"该馆年内不必迁移,明年对该馆业务从长考虑,再为决定。"也许此时林垦部所设机构尚未完善,对如何办理木材馆也未作定论。越明年,林垦部又不持意见,但迁移费用由西南农林部自行解决。1952年5月木材馆主要人员一同到西南农林部参加三反运动,唐燿受到批评并作检讨。

唐燿受到批评之原因,乃是过去之知识分子均要经过一场思想改造运动。运动过后,唐燿在木材馆中已失去过去之权威。而过去之旧人留下无几,急招而来新人不再能建立起类似过去之师生关系。唐燿云:

> 韦镜权、漆鹏飞诸同志,都是我审慎选拔的干部。假若他们没有一技之长,我就不会找他们。当他们初来馆中时,我总抱着很大的期望,但是这些期望是幻想。当我发现他们的意见和行为,违背了我期望时,又每每失望,任其自流。遇着机会,就公开的加以谴责,使对方难于接受。甚或借题发挥,像韦同志的抄录资料、漆同志的油印事件,形成意气用事。遇着对方出言讽刺,或态度欠佳,我未能以领导地位和友爱态度,谆谆说服;相反却未能抑制感情,报以极其粗暴的态度和恶劣的行为,像拍桌子、甩茶杯,遂形成敌对的现象。②

如此紧张之关系,以唐燿检讨而平息,可见其境地尴尬;好在为时不久,1952年7月木材馆受西南农林部之命自乐山迁至重庆化龙桥。此前1951年11月林垦部改名为林业部,1952年12月22日经林业部部务会议讨论批准,将中央林业实验所改称为中央林业部林业科学研究所,并将西南木材试验馆并入其中,木材馆自重庆又迁往北京。

---

① 《静生生物调查所整理委员会第一次会议记录》,中国科学院档案馆。

② 唐燿:思想总结,1952年3月,中国科学院昆明植物研究所藏唐燿档案。

木材馆自乐山大佛寺迁走之后，其馆址交由地方使用，先办荣誉军校，后为乐山大学一部分，再后来成为驻军医院。文化大革命之后乐山党校设于此，1988 年党校迁走，由大佛寺文管局接管，1992 年改为沫若堂，以纪念中国近代著名人士郭沫若。

五、并入中央林业部林业科学研究所

1953 年 1 月 1 日，中央林业部林业科学研究所正式成立，唐燿被任命为副所长。所下设置三系，即造林系、木材工业系、林产化工系，其后两系，均有木材学研究内容。随木材馆来京人员共 14 人，除唐燿外，还有李源哲、汤宜庄、张寿和、曹觉、张寿槐、罗良才、徐连芳、赖羡光、陈孝泽、李元江、崔竞群、徐耀龙。而何定华留在重庆，筹建木材试验馆工作站，隶属于西南森林工业管理局，后于 1955 年也调京。

1955 年，木材工业系和林产化工系分别改为木工室和林化室。1956 年，国家成立森林工业部，经国务院批准，中林所筹备划分为林业科学研究所和森林工业科学研究所。1957 年 3 月 14 日，森林工业科学研究所宣布成立，木材学研究单独建所，自此乃有名副其实之国家木材研究所。其时，林业部下设林业所，森工部下设森工所。森工所在北京设有木材构造与性质研究、木材机械加工研究和林产化学研究三个研究室及木材采运研究和森工经济研究两个研究组；北京之外设成都鞣料实验室、上海林化实验室和东北带岭实验站。1958 年初，林业部和森工部合并为林业部。1958 年 10 月 27 日，以林业所和森工所为主，组建成立中国林业科学研究院。未久唐燿调离该所，前往中国科学院昆明植物研究所。1960 年中国林业科学院森林工业科学研究所又更名为木材工业研究所，一直沿用至今。其后，一批知名木材学家成俊卿、朱惠方、王恺等先后来所工作，人才济济，且培养一批批学者，成为中国木材学之重镇。

大事记

1928年10月1日　北平静生生物调查所成立，由中华教育文化基金董事会和尚志学会合办，所长秉志。所中设动物、植物两部，分别由秉志、胡先骕任主任。

1929年9月　静生所李建藩开始研究木材，并往东陵采集木材标本，约得百余种。

1931年2月　唐燿入静生所，从事木材学研究。年底整理出静生所木材标本计得117属、172种，其中22属为裸子植物；此外制成切片约五百张，木材显微镜照片100余张。

1932年　梁希受中央大学农学院之聘，任该院森林系教授，同时在系中设立森林化学试验室。

1932年　唐燿开始发表《中国木材之研究》系列论文。

1933年　唐燿被推荐为世界木材解剖学会会员。

1934年11月　金陵大学森林系朱惠方与中央大学土木系陆志鸿合写《中国中部木材之强度试验》发表。

1934年　金陵大学森林系设立木材试验室，由朱惠方主持。

1934年　顾毓瑔出任中央工业试验所所长，聘林祖心为该所材料试验室主任，第二年林祖心发表《中国木材之强弱试验》。

1935年5月　金陵大学化学工业系主任马杰与其助手周廷奕合作发表《中国木材纤维量之测定》。

1935年8月　唐燿获得美国洛氏基金会资助，赴美留学，入耶鲁大学。

1936年　唐燿著《中国木材学》由商务印书馆出版。

1936年　朱惠方发表《中国木材之硬度研究》。

1937年夏　静生所所长胡先骕与中工所所长顾毓瑔达成合作进行木材学研

究，待唐燿自美留学归来主持之。

1937 年 11 月　抗日战争全面爆发后，南京沦陷，中工所迁至重庆北碚。

1938 年 8 月　顾毓瑔聘唐燿为中工所材料试验室主任，并聘陈学俊等为其助手，待唐燿来此开展工作。

1938 年　中央大学迁至重庆沙坪坝，梁希在此设立木材学试验室、森林化学试验室。

1938 年　唐燿被美国耶鲁大学授予博士学位，其博士论文为《金缕梅科木材之系统解剖》(英文)。

1939 年春　唐燿由北美转赴欧洲考察和访问，曾到访英国林产研究所、牛津大学森林研究所等处。

1939 年 9 月　唐燿在欧洲考察完毕，回国至重庆。在重庆北碚中工所新组木材试验室。

1939 年　金陵大学迁至成都后，朱惠方任森林系主任，在此期间著有《大渡河上游森林概况及其开发之刍议》《西康洪坝之森林》《天全之森林》《成都木材燃料之供给》等。

1939 年　清华大学迁昆明后，与云南省建设厅合设滇产木材试验室，由吴柳生负责，从事云南木材种类及其力学性能试验。

1940 年 1 月　《经济部中央工业试验所木材试验室特刊》创刊，出版至 1945 年 12 月停刊，共出版四十三号。

1940 年 3 月　四川省农业改进所农业化学组开展木材研究，由鲁昭祎从事木材干馏试验。

1940 年 3 月　何天相入木材试验室，从事木材解剖研究，1941 年 11 月辞职。

1940 年 4 月　农产促进委员会协款 3 万，委托中工所木材室进行：调查与研究中国重要商用木材，调查并研究中国腐木菌类与蚀木虫类之名称及防治，成立林产陈列室，出版木材学刊物。

1940 年春　中工所木材室在报刊发布“招收研究生及工程员启事”。

1940 年 6 月 24 日　北碚遭受日本军机疯狂轰炸，中工所损失惨重，一幢新建筑中燃烧弹被焚毁，木材试验室适在其中。

1940 年 7 月　王恺入中工所木材室，从事伐木锯木研究及商用木材调查。

1940 年 8 月中旬　唐燿率数名员工赴乐山，随身携带仪器书籍四箱，暂借凌云寺静修亭为临时室址，于 9 月 9 日开始恢复工作。此后将是日作为迁所纪念日。

1940 年 11 月 木材试验室租下灵宝峰上、白塔下之姚庄作为永久室址,并在瓦厂坝东岳庙租得一块土地。后于 1942 年 8 月将姚庄房屋以 6 万元全部买下,而房屋所占土地,则向大佛寺支付租金。

1940 年 张英伯在云南农林植物研究所从事木材研究,先在昆明调查木材市场,并往昆明东北诸县采集木材标本。

1941 年 6 月 王恺前往川西考察诸木业公司二阅月,后发表《川西伐木之调查》报告。

1941 年 7 月 中央林业实验所在重庆成立,所设林产利用组,从事木材研究,请中央大学梁希兼任主任。

1941 年夏 中工所木材试验室借用武汉大学力学试机,进行木材力学试验,重点对木荷、丝栗二属树种进行试验。

1941 年 8 月 中国航空研究所在成都扩充为航空研究院,下设器材系,器材系下设木材组。器材系主任余仲奎,兼任木材组主任。余仲奎等先后发表《川产楠竹性质之研究》《层竹之制造》《川产慈竹性质之研究》和《竹质飞机外挂汽油箱》等。

1941 年 11 月 鲁昭祎往峨边中国木业公司设木材干馏厂。

1941 年 11 月 屠鸿远入中工所木材室,担任木材力学、木材物理研究。

1942 年 5 月 柯病凡入中工所木材室,担任森林植物研究及调查。

1942 年 6 月 中工所木材室决定在瓦厂坝兴建办公室和木材加工实验工厂。

1942 年 6 月 中工所所长顾毓瑔到乐山木材室考察。

1942 年夏 交通部、农林部委托木材室主任唐燿组织林木勘察团,调查四川、西康、广西、贵州、云南五省林区及木业,以供五省修筑铁路所需。为此唐燿组织五个勘察分队,勘察结束后,按唐燿制定之体例,各队均提交报告。各报告经唐燿审定后,先各自投稿,在 1943 年间陆续刊出。唐燿后在此之上,于 1943 年 12 月编成《中国西南林区交通用材勘察总报告》一书。

1942 年 8 月 何定华入木材试验室,参与力学试验,半年后患上肺病,不得不辞职回老家养病。1948 年 5 月,重新回所。

1942 年 8 月 创刊《经济部中央工业试验所木材试验室专报》,第一期刊载唐燿撰写《中国商用木材初志》,1945 年将《特刊》所载木荷和丝栗两种木材力学实验报告,也以《专报》再为刊行,各为一号,共出三号。

1942 年 9 月　成俊卿加入木材试验室,从事木材解剖学研究。

1942 年 10 月　木材试验室创办通俗双月刊,名曰《林木》,1943 年 4 月停刊,出 6 期。

1942 年　由云南农林植物研究所与中央研究院工业研究所合作,张英伯写出《云南省六十种林木的木材构造与化学性质的研究报告》,并调查滇缅公路沿线桥梁建筑所需木材。

1943 年 5 月 31 日　李约瑟参观木材试验室。

1943 年 7 月　余仲奎获得行政院颁发光华甲种一等奖章。

1943 年　梁希获教育部部聘教授,开始从事木材防腐研究。

1943 至 1945 年　屠鸿远在试验室《特刊》先后发表三篇研究报告,《乐山区木材平衡含水量之记载》(第卅三号),与唐燿合作发表《吾国西部产重要商用材及其材学简编》(第卅七号)及《国产木材收缩率之初步记载》(第四十一号)。

1944 年元旦　木材试验馆成立四周年,举行成绩展览,除对陈列室重新布置,还开放试验室两天,参观人数达 400 余人,极一时之盛。

1944 年 2 月　中央林业实验所林产利用组聘请朱惠方为主任兼研究所副所长。

1944 年 4 月 16 日　经济部次长谭伯羽陪同美国专家一行八人,到乐山视察经济部所属中央工业试验所木材试验室,所长顾毓瑔也前来接待。

1944 年 4 月　经济部部长翁文灏来乐山木材试验室视察,对试验室四年来取得成就甚加赞誉,即将试验室升格为试验馆。

1944 年 8 月　王恺前往美国密西根大学研究院学习,一年后获得硕士学位,其论文题目 *A Preliminary Study on Staypak*(压缩木初步研究)。

1944 年 11 月 16 日　喻成鸿入职木材试验馆,第二年 4 月辞职。

1944 年　梁希与周光荣联合发表《竹材之物理性质及力学性质初步试验报告》。

1945 年 7 月　成俊卿离开试验室,入四川农业改进所,并谋求自费赴美留学,于 1948 年春成行。

1945 年 9 月　中央工业试验所奉命迁往上海,木材试验馆仍隶属该所,但仍在乐山,交由中工所西南区办事处代管。

1946 年夏 朱惠方受命去东北接收日本人所办大陆科学院木材研究机构，后该部门并入长春大学农学院，朱惠方任农学院院长。

1946 年 复员至南京之中央林业实验所设置木材工艺系，由陶玉田负责。

1946 年 屠鸿远由经济部派赴美国实习一年，后延期攻读博士学位，其后在美国从事研究。

1946 年 唐燿当选为世界木材解剖学会理事。

1947 年 5 月 经济部重庆工业试验所成立，奉命接管木材试验馆。

1947 年 8 月 王恺自美国学习和考察回国，中工所在上海与扬子木材厂合办木材试验室，任命王恺为主任，主要研制胶合板生产。

1948 年 朱惠方赴台湾，任台湾大学森林系教授。

1948 年 安徽大学农学院森林系设置木材试验室及木材加工专业，由柯病凡主持，成员后有成俊卿、李书春等。

1949 年春 华东地区被中国人民解放军解放，中工所宣布停办木材馆。

1949 年 12 月 16 日 中国人民解放军解放乐山，未久成立乐山专区，木材试验馆由乐山专区接管。

1950 年 7 月 中央林垦部接管木材试验馆，交西南农林部代管。

1951 年春 成俊卿在美国华盛顿大学获硕士学位，其硕士论文为 *Anatomy of Some Important Timbers of South China*（华南几种重要木材之解剖）。

1952 年 7 月 木材试验馆由乐山迁至重庆化龙桥。

1952 年 12 月 22 日 经林业部部务会议讨论批准，中央林业实验所改称为中央林业部林业科学研究所，并将西南木材试验馆并入其中，木材馆自重庆又迁往北京。

1953 年 1 月 1 日 中央林业部林业科学研究所正式成立，唐燿任副所长。所下设置三系，其中木材学研究属木材工业系。随木材馆来京人员共 14 人，除唐燿外，还有李源哲、汤宜庄、张寿和、曹觉、张寿槐、罗良才、徐连芳、赖羡光、陈孝泽、李元江、崔竞群、徐耀龙。而何定华留在重庆，筹建木材试验馆工作站，隶属于西南森林工业管理局，后于 1955 年也调京。

1955 年 木材工业系和林业化学系分别改名为木材工业试验室和林业化学试验室。

1956 年 国家成立森林工业部，经国务院批准，中央林业科学研究所筹备划分为林业科学研究所和森林工业科学研究所,一隶属于林业部,一隶属于森林工业部。

1957 年 3 月 14 日　森林工业科学研究所成立。

1958 年 10 月 27 日　以林业科学研究所和森林工业科学研究所为主体,扩建成立中国林业科学研究院。

1960 年　森林工业科学研究所更名为木材工业研究所。

中国林业科学研究院木材工业研究所沿革示意图

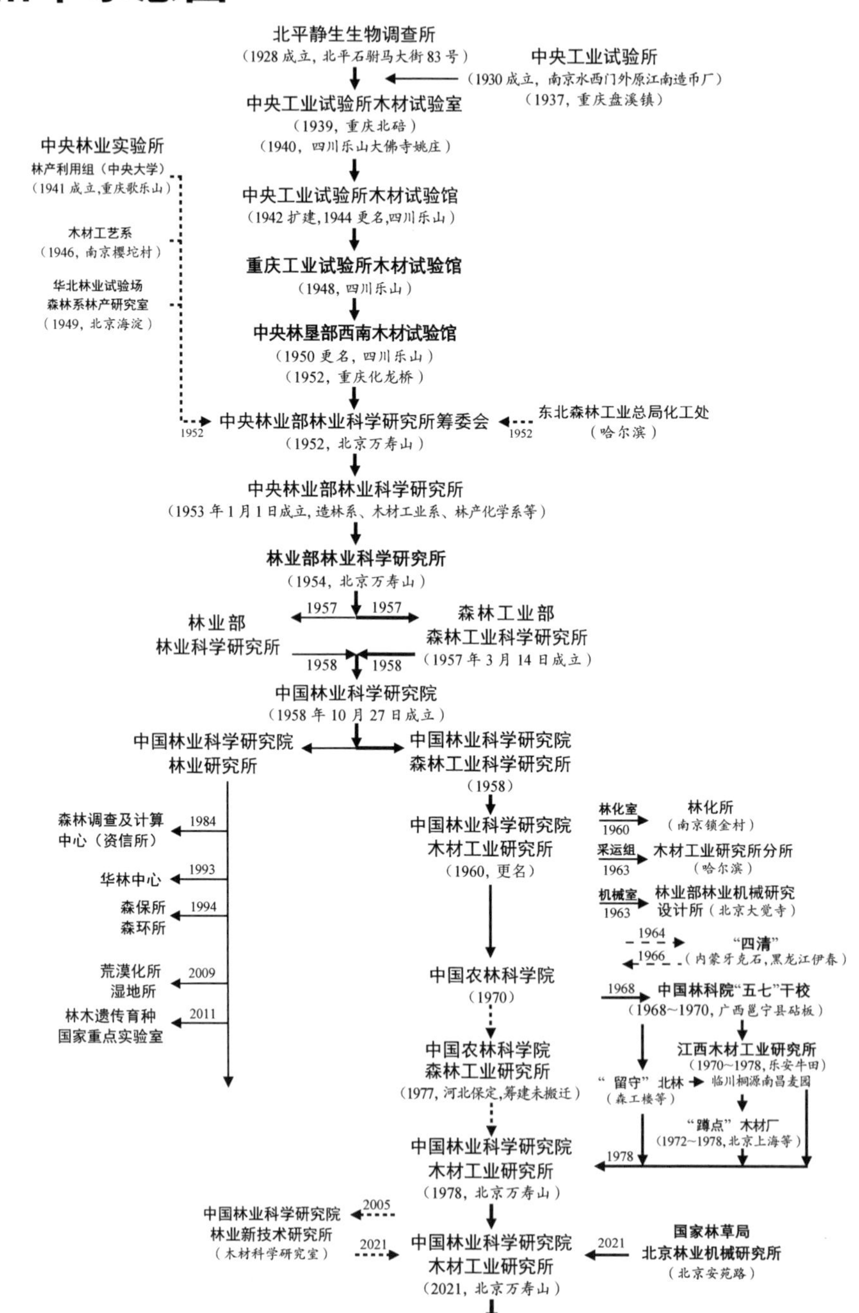

主要参考文献

一、档案

四川省档案馆藏中央工业试验所木材试验室档案
四川省档案馆藏四川省农业改进所档案
国家林草局档案室藏该局文书档案
中国科学院昆明植物研究所藏唐燿档案
中国林业科学研究院档案室藏王恺、张英伯、成俊卿、朱惠方、何定华、张寿和档案
台北"中央研究院"近代史研究所档案馆藏经济部档案
台北"国史馆"藏教育部档案
中国第二历史档案馆藏经济部档案
重庆市档案馆藏重庆工业试验所档案
安徽农业大学档案馆藏柯病凡档案

二、著作

《经济部中央工业试验所工作概况》,经济部中央工业试验所印行,1942 年
《经济部中央工业试验所木材试验馆五年来工作概况及成效》,木材馆印行,1945 年 1 月
唐燿:《我从事木材科研工作的回忆》,中国科学院昆明植物研究所印行,1983 年
顾毓瑔:《抗战以来中央工业试验所工作报告》(1937.7—1939.4),经济部中央工业试验所,1939 年 5 月 1 日

唐燿主编:《中国西南林区交通用材勘察报告》,交通部、农林部林木勘察团印行,1943 年 12 月

周桂发等编:《中国科学社档案整理与研究·书信选编》,上海科学技术出版社,2015 年

胡宗刚:《静生生物调查所史稿》,山东教育出版社,2005 年

三、期刊

《经济部中央工业试验所木材试验室特刊》

《科学》

《工业中心》

《农业推广通讯》

《林讯》

《林木》

人名索引

后　记

《大学》有言："物有本末，事有终始。知所先后，则近道矣。"此则古训，浅明易了，我之著述，奉为圭臬。二十多年前，开始从事中国近现代生物学研究机构和主要人物著述，第一种《静生生物调查所史稿》完成，已明悉近代中国生物学史大致脉络，抱定将每一个研究机构，作尽可能全面完整之记述。得学界鼓励，为之一一寻觅史料，梳理旧人旧事，成帙若干。今有《中国林业科学研究院木材工业研究所早期史》问世，乃是此计划之延续。

2019年初春，旅次云南昆明，在茨坝客店，接到中国林业科学研究院木材工业研究所所长傅峰先生电话，云已寓目拙著《静生所史稿》，其中所写唐燿在四川乐山所办木材试验馆为其所前身。通过四处寻找，找到我之电话。现该所在进行文化溯源工作，拟邀我赴其所"木材大讲堂"，作关于木材学在中国之由来报告。余虽口拙，但讲烂熟于心者，若作充分准备，当可胜任，遂允之。时所在茨坝与唐燿晚年工作机构中国科学院昆明植物研究所相近，即往该所寻得更多史料，为报告作准备。与此同时，余甚为羞愧，不知静生所与经济部中央工业试验所合办木材试验室其后演变为今日之木材所，不曾将木材试验室纳入学术视野。当初撰写《静生所史稿》，也曾到林科院寻访史料，但不知其流变，未曾到木材所访问。知始不知终，知先不知后，愧未近道矣。

是年秋，在木材所举办"大讲堂"上，作"中国近现代生物学史中的木材研究"，得该所员工之厚爱，幸获成功。继而所长傅峰先生筹得一笔经费，嘱撰写该所《早期史》。我胆敢承担，乃是知道早期档案藏于四川省档案馆，20年前为撰写《静生所史稿》，曾往查阅。当我向工作人员提出查阅该档案请求，其不知有此卷宗否。其时查阅是提供纸质原件，当看到该卷宗自入档之后，未曾有人翻阅，不免为之心颤。其入档时间大约在上世纪五十年代初，距我翻阅之时，不过五十载，即有沧海桑田之慨。学界虽知在抗日战争期间，有此木材试验室在乐山，但未曾有人寻找其踪迹，于试验室不知确切。由于时间有限，余亦未能遍览，仅索取七八卷宗，浅尝而已。今有机会，当一览无余，亦为学之快哉！

2020 年春，启始撰写，然疫情暴发，每每出差，仅能见缓而行。冬日某个周日下午抵达成都，档案馆已是新馆，在附近预定一家酒店，自周一起即按档案馆开放时间，浸泡其中。现在档案已电子化，在档案馆电脑上阅读，还算方便。周末就近往乐山，游历大佛寺。昔日木材试验室在此凡十二年，今无一点痕迹，令人唏嘘。若不是在档案中看到试验室室址示意图，难以得出今日沫若堂即是试验室旧址。第二周继续在档案馆，以为可以将此六十三卷档案从容阅毕，并作详细笔录，孰料周二即闻成都郫县暴发疫情，随即来馆读者稀少，友朋亦劝早返。怎能风一吹草就动，还是坚持下去，完成预定计划，幸好此次疫情未延至成都全市，导致封城。

随后，以抄录四川省档案馆为主要史料，结合其他档案馆所得，以及民国报刊所载论文、报道等，予以撰写，时断时续，于 2022 年秋完成初稿。其间，在疫情间隙，多次到京，均至木材所，或请介绍查阅有关部门之档案，或听取专家对书稿意见，或请教有关木材学知识。初稿形成之后，还需往几处档案馆查档，但疫情肆虐，人们似乎停止一切社会活动，无从出门，档案馆也关闭。2023 年开岁之后，疫情突然消失，即赴几处拟往之档案馆。1947 年木材试验室改隶于重庆工业试验所，赴重庆市档案馆查重庆工业试验所档案；四川省档案馆尚需补查，借赴重庆之便，又往成都工作两天。周六回程，当拉着行旅箱经过街市，偶尔想到已过花甲之年，或者不会再来成都查档，淡淡忧伤，油然而起，伴我往后行程。好在出版在望，否则何以告慰来日无多之下半生。

拙著得以完成，首先感谢傅峰所长之信任，其对前辈先贤之崇敬，令我感动。且成全于我，将其交付上海交通大学出版社出版，让系列丛书又多一种。感谢姜笑梅、丁美蓉、欧阳琳、闫昊鹏、殷亚方、段新芳、王超等审阅，感谢韩雁明、何拓、马青、张鹏、倪林、劳万里等给予帮助。史学著述虽以史料为基础，有一定客观性；但对史料解读却又有个人判断，此中当有缺失和偏见，恳请读者指正。

胡宗刚

二〇二三年三月二十六日于庐山植物园